高等职业教育系列教材

Android 应用开发项目式教程

|||| 罗　伟　● 主编
|||| 陆春妹　吴　尘　● 副主编
|||| 戴桂平　卜　峰　彭学仕　● 参　编

机械工业出版社
CHINA MACHINE PRESS

本书主要介绍 Android 应用开发的基础知识和基本技能。全书分为 10 个项目，包括 Android 开发环境搭建，界面布局，界面控件，Activity 与 Fragment，数据存储，广播、服务与线程，蓝牙通信，网络通信，计算机视觉应用，鸿蒙应用开发。本书采用循序渐进的方式，专注于零基础读者能够理解和实践的知识及技能，详细描述实现步骤，让读者能够跟随书中的指导完成项目任务，以达到快速上手 Android 应用开发的目的。

本书既可以作为高等职业院校（含职业本科）学生学习 Android 应用开发的教材，也可作为 Android 开发爱好者的自学用书和参考书。

本书是国家在线精品课程配套教材，配有微课视频、电子课件、电子教案、源代码等数字化教学资源。微课视频和源代码扫码即可观看，教学资源包可登录机械工业出版社教育服务网（www.cmpedu.com）免费注册，审核通过后下载，或联系编辑索取（微信：13261377872，电话：88379739）。

图书在版编目（CIP）数据

Android 应用开发项目式教程 / 罗伟主编. —北京：机械工业出版社，2024.5
高等职业教育系列教材
ISBN 978-7-111-75679-8

Ⅰ. ①A… Ⅱ. ①罗… Ⅲ. ①移动终端-应用程序-程序设计-高等职业教育-教材 Ⅳ. ①TN929.53

中国国家版本馆 CIP 数据核字（2024）第 081829 号

机械工业出版社（北京市百万庄大街 22 号　邮政编码 100037）
策划编辑：李培培　　　　责任编辑：李培培
责任校对：郑　婕　梁　静　责任印制：郜　敏
北京富资园科技发展有限公司印刷
2024 年 6 月第 1 版第 1 次印刷
184mm×260mm・14.75 印张・382 千字
标准书号：ISBN 978-7-111-75679-8
定价：65.00 元

电话服务　　　　　　　　网络服务
客服电话：010-88361066　　机　工　官　网：www.cmpbook.com
　　　　　010-88379833　　机　工　官　博：weibo.com/cmp1952
　　　　　010-68326294　　金　书　网：www.golden-book.com
封底无防伪标均为盗版　　　机工教育服务网：www.cmpedu.com

Preface 前言

Android 是重要的客户端技术，因其开源开放的特点，Android 一问世就迅速成长为智能手机的主流操作系统，近年来更进一步成为智能电视、智能车载终端等智能设备的主流操作系统，其活跃设备数量超过 30 亿台，已成为当之无愧的第一大操作系统。Android 从 2007 年诞生到现在已有十几年的历史，Android 应用开发也从一个新兴职业变为一个成熟的职业。编者从 2012 年开始接触 Android 开发，已有十余年 Android 开发经验及近十年的 Android 开发教学经历。Android 从当初的 2.3 发展到 14.0，开发工具也从 Eclipse ADT 转向 Android Studio，开发语言也由 Java 转为 Kotlin、Java 并重。

Android 开发早已列入各大高等职业院校（含职业本科）的培养方案中，国内外每年均有大量的学生学习 Android 开发，但 Android 应用开发的实践性极强，学生往往陷入看得懂、不会做的境地，毕业后能从事 Android 应用开发的学生较少。

党的二十大对全面建设社会主义现代化国家、全面推进中华民族伟大复兴进行了战略谋划，为新时代新征程党和国家事业发展、实现第二个百年奋斗目标明确了道路方向，提供了行动指南，特别强调了要充分发挥教育、科技、人才的基础性、战略性支撑作用。本书将党的二十大精神融入其中，旨在实现立德树人的教育目标，培养德才兼备的创新型技术技能人才，更好地服务于新质生产力的发展。

本书定位于 Android 开发的入门书籍，力求做到看得懂、能练习，具有以下特点：

1）提供简单且必要的基础知识和技能。在 Android 应用开发领域，知识点和技能点非常丰富，但本书并不追求面面俱到，也不做百科全书式的讲解。相反，本书侧重于编写读者能够理解和实践的知识和技能，降低读者入门的难度，提高学习的成就感。

2）描述力求详尽，从初学者的角度描述实现步骤。本书采用循序渐进的方式，项目 1 和项目 2 详细描述实现步骤，让读者能够跟随书中的指导完成项目任务。

3）案例简单、完整、丰富，提供大量简单完整的样例代码。本书的案例特点是简单且完整，不使用大型项目进行演示，对关键代码进行解释说明，以确保读者能够理解并成功集成到自己的项目中。

4）立体化的教学资源与服务。本书是国家在线精品课程"Android 应用开发"的配套教材，同时还提供慕课、PPT、源代码、在线答疑等资源和服务，全方位保障读者学会基本的 Android 开发。读者可在中国大学 MOOC、学堂在线搜索"Android 应用开发"（苏州市职业大学）课程进行配套学习。

本书分为 10 个项目，简单介绍如下。

项目 1：从搭建 Android 应用开发环境开始，向读者展示如何安装和配置必要的开发环境，以便开始 Android 应用的开发工作。

项目 2：界面布局详细介绍了如何设计和实现用户界面，包括如何使用各种布局管理器来控制界面元素的位置和大小。

项目 3：界面控件部分将向读者展示如何使用各种 Android 应用中的控件，如文本控件、按钮控件、列表控件等。

项目 4：介绍与用户交互密切相关的 Activity 与 Fragment。Activity 是 Android 应用的主要交互界面，而 Fragment 则可以用来构建更复杂的用户界面。

项目 5：数据存储部分介绍了如何在 Android 应用中存储和管理数据，包括使用 SharedPreferences、SQLite 数据库等进行数据存储。

项目 6：介绍广播、服务与线程的使用。广播是 Android 应用中的一种通信机制，服务则可以用来在后台执行长时间运行的操作，而线程则可以用来处理并发任务。

项目 7：蓝牙通信介绍了如何在 Android 应用中使用蓝牙进行设备间的通信，包括如何搜索设备、连接设备、发送和接收数据等。

项目 8：网络通信介绍了如何在 Android 应用中使用 HTTP、TCP/IP 等协议进行网络通信，如何处理网络请求、解析响应数据等。

项目 9：计算机视觉应用介绍了如何在 Android 应用中集成 OpenCV，如何使用 OpenCV 完成特定的计算机视觉任务。

项目 10：介绍了鸿蒙应用开发的入门知识，介绍了鸿蒙开发环境的搭建，鸿蒙简单组件的使用、UIAbility 的使用等。

本书的 10 个项目中，项目 1～项目 4 是 Android 应用开发的基础，建议零基础的读者按顺序学习，不要跳过。项目 5～项目 9 之间的关联较少，读者可以挑选自己感兴趣的部分学习。项目 10 是鸿蒙应用开发的入门知识，在读者较好掌握 Android 应用开发的基础上，通过此项目的学习，可以快速迁移到鸿蒙应用开发。

本书编写过程中参考了 Android 相关职业技能等级标准、相关技能大赛考核知识点和专业教学标准，并充分考虑了岗位适应性问题，尽量满足读者获取证书、参加技能大赛或创新创业大赛的要求。

本书由罗伟任主编，陆春妹、吴尘任副主编，参与编写工作的还有戴桂平、卜峰、彭学仕（科大讯飞股份有限公司）。本书编写过程中得到了苏州市职业大学、科大讯飞股份有限公司、机械工业出版社专家的大力支持，他们对教材提出了很多宝贵的意见和建议，在此表示衷心感谢。本书编写过程中参考、引用和改编了国内外 Android 应用开发出版物以及网络资源中的相关资料，在此深表谢意。

尽管我们尽了最大的努力，但书中难免会有不妥之处，欢迎各位专家和读者朋友们来信给予宝贵意见，我们将不胜感激。您在阅读本书时，如发现任何问题，可以通过电子邮件（532673600@qq.com）与我们取得联系。如您需要答疑服务，请加入 QQ 群：696129639。

编　者

目 录 Contents

前言

项目 1 你好 Android——第一个 Android 应用 ……………… 1

1.1 项目场景 …………………………… 1
1.2 学习目标 …………………………… 1
1.3 知识学习 …………………………… 1
   1.3.1 Android 简介 ………………… 1
   1.3.2 Android 体系结构 …………… 2
   1.3.3 Android 项目框架 …………… 3
   1.3.4 Logcat ………………………… 4
1.4 技能实践 …………………………… 5
   1.4.1 Android 开发环境搭建 ……… 5
   1.4.2 第一个 Android 应用 ……… 18
   1.4.3 Android 应用程序调试 …… 22
1.5 理论测试 ………………………… 25
1.6 项目演练 ………………………… 26
1.7 项目小结 ………………………… 26
1.8 项目拓展 ………………………… 26

项目 2 个性名片——界面布局 ……………………………………… 29

2.1 项目场景 ………………………… 29
2.2 学习目标 ………………………… 29
2.3 知识学习 ………………………… 29
   2.3.1 布局概述 …………………… 29
   2.3.2 线性布局的概念与属性 …… 36
   2.3.3 约束布局的概念与属性 …… 38
   2.3.4 表格布局的概念与属性 …… 42
   2.3.5 帧布局的概念与属性 ……… 43
2.4 技能实践 ………………………… 43
   2.4.1 个性名片界面的设计 ……… 43
   2.4.2 选择题界面的设计 ………… 48
   2.4.3 计算器界面的设计 ………… 52
   2.4.4 智能遥控器界面的设计 …… 54
2.5 理论测试 ………………………… 57
2.6 项目演练 ………………………… 58
2.7 项目小结 ………………………… 59
2.8 项目拓展 ………………………… 59

项目 3 信息注册——界面控件 ……………………………………… 61

3.1 项目场景 ………………………… 61
3.2 学习目标 ………………………… 61

3.3 知识学习 ... 62
3.3.1 界面控件概述 ... 62
3.3.2 文本控件的属性与用法 ... 62
3.3.3 按钮控件的属性与用法 ... 67
3.3.4 微型控件的属性与用法 ... 71
3.3.5 列表控件的属性与用法 ... 72
3.3.6 对话框的属性与用法 ... 76
3.4 技能实践 ... 78
3.4.1 选择题功能的实现 ... 78
3.4.2 信息注册的实现 ... 80
3.4.3 设备清单的设计 ... 82
3.4.4 应用中心的设计 ... 84
3.5 理论测试 ... 86
3.6 项目演练 ... 87
3.7 项目小结 ... 88
3.8 项目拓展 ... 88

项目 4 健康标签——Activity 与 Fragment ... 90

4.1 项目场景 ... 90
4.2 学习目标 ... 90
4.3 知识学习 ... 90
4.3.1 Activity 的基本操作 ... 90
4.3.2 Activity 的生命周期概念及方法 ... 95
4.3.3 Intent 的分类与用法 ... 97
4.3.4 Activity 的数据传递方法 ... 100
4.3.5 Fragment 的概念与用法 ... 102
4.4 技能实践 ... 105
4.4.1 登录跳转的实现 ... 105
4.4.2 健康标签的设计 ... 107
4.4.3 一键拨号的设计 ... 109
4.4.4 设备切换的设计 ... 110
4.5 理论测试 ... 111
4.6 项目演练 ... 113
4.7 项目小结 ... 113
4.8 项目拓展 ... 114

项目 5 记录备忘——数据存储 ... 116

5.1 项目场景 ... 116
5.2 学习目标 ... 116
5.3 知识学习 ... 116
5.3.1 SharedPreferences 的简介与用法 ... 116
5.3.2 SQLite 的简介与用法 ... 119
5.4 技能实践 ... 123
5.4.1 保存登录密码的实现 ... 123
5.4.2 备忘录的设计 ... 125
5.5 理论测试 ... 131
5.6 项目演练 ... 132
5.7 项目小结 ... 133
5.8 项目拓展 ... 133

Contents 目录

项目 6 分秒必争——广播、服务与线程 ·················· 135

6.1 项目场景 ························· 135
6.2 学习目标 ························· 135
6.3 知识学习 ························· 135
    6.3.1 广播接收者的简介与使用·········· 135
    6.3.2 线程与处理者 Handler 简介········· 139
    6.3.3 服务 Service 简介················ 142
6.4 技能实践 ························· 145
    6.4.1 开机自启动的设计··············· 145
    6.4.2 模拟加载的设计················ 146
    6.4.3 音乐播放器的设计·············· 148
6.5 理论测试 ························· 151
6.6 项目演练 ························· 152
6.7 项目小结 ························· 152
6.8 项目拓展 ························· 153

项目 7 蓝牙小车——蓝牙通信 ·················· 154

7.1 项目场景 ························· 154
7.2 学习目标 ························· 154
7.3 知识学习 ························· 154
    7.3.1 经典蓝牙通信·················· 154
    7.3.2 低功耗蓝牙通信················ 157
7.4 技能实践 ························· 162
    7.4.1 蓝牙流水灯 App 的实现·········· 162
    7.4.2 蓝牙小车 App 的实现··········· 169
7.5 理论测试 ························· 174
7.6 项目演练 ························· 175
7.7 项目小结 ························· 175
7.8 项目拓展 ························· 175

项目 8 智能家居——网络通信 ·················· 177

8.1 项目场景 ························· 177
8.2 学习目标 ························· 177
8.3 知识学习 ························· 177
    8.3.1 TCP 通信的原理················ 177
    8.3.2 HTTP 通信的原理··············· 179
    8.3.3 HTTP 的数据解析与显示········· 181
8.4 技能实践 ························· 183
    8.4.1 远程开关的设计················ 183
    8.4.2 天气播报的设计················ 185
8.5 理论测试 ························· 188
8.6 项目演练 ························· 189
8.7 项目小结 ························· 190
8.8 项目拓展 ························· 190

项目 9　一目了然——计算机视觉应用 ………………………… 191

9.1　项目场景 ……………………………… 191

9.2　学习目标 ……………………………… 191

9.3　知识学习 ……………………………… 191
  9.3.1　OpenCV 简介 ………………… 192
  9.3.2　OpenCV Java API 简介 ……… 192

9.4　技能实践 ……………………………… 194
  9.4.1　OpenCV 的集成 ……………… 194
  9.4.2　图像修复 ……………………… 197

9.5　理论测试 ……………………………… 198

9.6　项目演练 ……………………………… 199

9.7　项目小结 ……………………………… 199

9.8　项目拓展 ……………………………… 199

项目 10　鸿蒙初开——鸿蒙应用开发 ……………………………… 201

10.1　项目场景 ……………………………… 201

10.2　学习目标 ……………………………… 201

10.3　知识学习 ……………………………… 201
  10.3.1　鸿蒙简介 …………………… 201
  10.3.2　鸿蒙应用开发环境 ………… 202
  10.3.3　ArkTS 简介 ………………… 204
  10.3.4　线性布局 …………………… 204
  10.3.5　简单组件的使用 …………… 205
  10.3.6　UIAbility 的使用 …………… 208

10.4　技能实践 ……………………………… 210
  10.4.1　第一个鸿蒙应用的开发 …… 210
  10.4.2　鸿蒙登录页面的设计 ……… 220

10.5　理论测试 ……………………………… 224

10.6　项目演练 ……………………………… 225

10.7　项目小结 ……………………………… 226

10.8　项目拓展 ……………………………… 226

参考文献 ……………………………………………………………………… 227

项目 1　你好 Android——第一个 Android 应用

1.1　项目场景

随着智能设备的普及，Android 得到了迅速的发展，已成为活跃设备数量最多的操作系统，Android 应用也成为智能设备应用的事实标准，每年有大量的 Android 应用诞生。Android 应用开发有便捷完善的集成开发工具，一起来开始第一个 Android 应用的开发吧！

1.2　学习目标

通过本项目的学习，了解 Android 的特点、历史等基础知识，掌握 Android 开发环境的搭建，进行第一个 Android 应用的开发及 Android 应用的程序调试。

1.3　知识学习

1.3.1　Android 简介

Android 是一种基于 Linux 内核的自由及开源的操作系统。最初是由安迪·鲁宾（Andy Rubin）开发的一款相机操作系统，2005 年 8 月被 Google 收购。2007 年 11 月，Google 与 84 家硬件制造商、软件开发商及电信运营商组建开放手机联盟，共同研发改良 Android 系统。随后 Google 以 Apache 开源许可证的授权方式，发布了 Android 的源代码。第一部 Android 智能手机发布于 2008 年 10 月，后来 Android 逐渐扩展到平板计算机及其他领域，如电视、车载设备、游戏机、智能手表等。2011 年第一季度，Android 在全球的手机市场份额首次超过塞班系统，跃居全球第一。2017 年 3 月，Android 超过 Windows 成为全球第一大操作系统。2022 年 Android 的活跃设备数量突破 30 亿。

Android 简介

Android 版本升级比较快，现在几乎以每年一版的速度更新，截至 2023 年 2 月，API 等级已更新到 33，具体见表 1-1。

表 1-1　Android 版本名称与发布时间

年份	名称	版本名	API 等级
2022	Android 13(Tiramisu)	13.0	33
2021	Android 12L(Sv2)	12L	32

（续）

年份	名称	版本名	API 等级
2021	Android 12(S)	12.0	31
2020	Android 11(R)	11.0	30
2019	Android 10(Q)	10.0	29
2018	Android Pie	9.0	28
2017	Android Oreo	8.0～8.1	26～27
2016	Android Nougat	7.0～7.1.2	24～25
2015	Android Marshmallow	6.0～6.0.1	23
2014	Android Lollipop	5.0～5.1.1	21～22
2013	Android KitKat	4.4～4.4.4	19～20
2012	Android Jelly Bean	4.1～4.3	16～18
2011	Android Ice Cream Sandwich	4.0.1～4.0.4	14～15
2011	Android Honeycomb	3.0～3.2	11～13
2010	Android Gingerbread	2.3～2.3.7	9～10
2010	Android Froyo	2.2	8
2009	Android Eclair	2.0～2.1	5～7
2008	Android Donut	1.6	4
2008	Android Cupcake	1.5	3
2008	—	1.1	2
2008	—	1.0	1

2023 年 2 月 9 日，Google 发布了 Android 14 的首个开发者预览版（Developer Preview）。Android 14 重点关注大屏和跨设备体验的改进，特别是平板计算机和可折叠设备，增强对后台 App 的管控，提升待机续航，把文本缩放比例限制从 130%提升到 200%，引入非线性字体缩放曲线，引入"应用克隆"，支持 App 双开等。此外，Android 14 将阻止 API 等级为 22 或更早版本的旧 App 的安装。

1.3.2 Android 体系结构

Android 体系结构图如图 1-1 所示。

Android 体系结构分为五层，从上到下依次为应用层（App）、框架层（API Framework）、系统库和 Android 运行时层（Native C/C++ Libraries & Android Runtime）、硬件抽象层（Hardware Abstraction Layer）、内核层（Linux Kernel）。

应用层分为系统应用和用户应用。系统应用包括拨号、短信、通信录等。用户应用就是用户下载的应用，本书介绍的就是用户应用的开发。

框架层包括 Android 应用开发需要的框架。框架层提供了应用层需要调用的接口，应用层使用这些接口实现特定的功能。框架层包括 Activity Manager（活

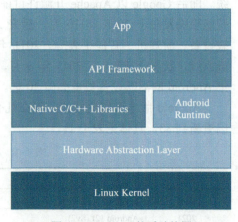

图 1-1　Android 体系结构图

动管理器)、Window Manager(窗口管理器)、Content Providers(内容提供者)、View System(视图系统)、Notification Manager(通知管理器)、Package Manager(包管理器)等组件。

系统库和 Android 运行时层是框架层的支撑,是连接框架层与硬件抽象层的纽带。系统库包括一些 C/C++库,如 SurfaceManager、SQLite、SGL、FreeType 等。Android 运行时(ART)是 Android 上的应用和部分系统服务使用的托管式运行时。ART 及其前身 Dalvik 是专为 Android 打造的。作为运行时的 ART 可执行 Dalvik 可执行文件并遵循 Dex 字节码规范。

硬件抽象层 Android HAL 是对硬件设备的抽象和封装,为 Android 在不同硬件设备提供统一的访问接口。HAL 处于 Android Framework 和 Linux Kernel Driver 之间,屏蔽了不同硬件设备的差异,为 Android 提供了统一的访问硬件设备的接口。HAL 层帮助硬件厂商隐藏了设备相关模块的核心细节。

内核层基于上游 Linux 长期支持(LTS)内核。在 Google,LTS 内核会与 Android 专用补丁结合,形成所谓的"Android 通用内核(ACK)"。

1.3.3 Android 项目框架

Android 项目基于 Android Studio 开发,Android Studio 使用 Gradle 作为项目构建工具。新建工程后可以看到如图 1-2a 所示目录结构,将 Android 切换成 Project 可以看到完整的 Android 工程目录结构,如图 1-2b 所示。

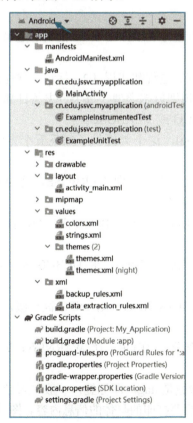

a)   b)

图 1-2　Android 项目目录结构

app 目录是一个典型的 Gradle 项目，src 是所有源代码和资源目录，build.gradle 是该项目的构建文件，libs 目录存放该项目所依赖的第三方类库。.gitignore 是版本控制工具 Git 所需要的文件，用于列出哪些文件不需要接受 Git 的管理。一般来说，只有项目源文件和各种配置文件才需要接受 Git 的管理。

main 目录下的 java 目录、res 目录、AndroidManifest.xml 文件是 Android 项目必需的。这也是 Android 项目需要重点关注的目录。

java 目录：保存 Java 或 Kotlin 源文件。

res 目录：存放 Android 项目的各种资源文件。例如，layout 子目录存放界面布局文件，values 子目录存放各种 XML 格式的资源文件，如字符串资源文件 strings.xml、颜色资源文件 colors.xml；drawable 子目录存放 XML 文件定义的 Drawable 资源，与 drawable 子目录对应的还有一个 mipmap 子目录，这两个子目录都用于存放各种 Drawable 资源。其区别在于：mipmap 子目录用于保存应用程序启动图标及系统保留的 Drawable 资源；而 drawable 子目录则用于保存与项目相关的各种 Drawable 资源。

AndroidManifest.xml 文件是 Android 项目的系统清单文件，它用于设置 Android 应用的名称、图标、访问权限等整体属性。除此之外 Andriod 应用的 Activity、Service、ContentProvider 和 BroadcastReceiver 四大组件都需要在该文件中配置。

1.3.4 Logcat

在进行 Android 应用开发时，不可避免地要进行程序调试，Android 的日志是调试的重要工具，是继续学习前必须掌握的工具。

Android 的每个日志都有一个相关日期、时间戳、进程和线程 ID、标记、软件包名称、优先级和消息。不同的标记具有不同的颜色，有助于识别日志类型。每个日志条目都具有一个优先级：FATAL、ERROR、WARNING、INFO、DEBUG 或 VERBOSE。

Android 中的日志工具类是 Log(android.util.Log)，这个类提供了如下五个方法来打印日志，对应不同的日志优先级。

- Log.v()：用于打印琐碎的、意义小的日志信息，对应级别 VERBOSE，是 Android 日志里面级别最低的一种，打印出 Log 的颜色为灰色。
- Log.d()：用于打印调试信息，对应级别 DEBUG，比 VERBOSE 高一级，打印出 Log 的颜色为绿色。
- Log.i()：用于打印一些比较重要的数据，对应级别 INFO，比 DEBUG 高一级，打印出 Log 的颜色为蓝色。
- Log.w()：用于打印一些警告信息，对应级别 WARNING，比 INFO 高一级，打印出 Log 的颜色为黄色。
- Log.e()：用于打印程序中的错误信息，对应级别 ERROR，比 WARNING 高一级，打印出 Log 的颜色是红色。

这些 Log 方法均需要传入两个参数：第一个参数是 tag，即标签，一般传入当前的类名，用于对打印信息进行过滤；第二个参数是 msg，即想要打印的具体的信息内容。图 1-3 所示是 Log 方法的一个示例，图 1-4 所示是这几行代码打出的 Log 信息，从图中可以看到打印日志的时间、进程、线程号、tag 名、该程序的包名、信息内容。

项目 1　你好 Android——第一个 Android 应用

```
Log.v( tag: "MainActivity", msg: "aaaaa");
Log.d( tag: "MainActivity", msg: "bbbbb");
Log.i( tag: "MainActivity", msg: "ccccc");
Log.w( tag: "MainActivity", msg: "ddddd");
Log.e( tag: "MainActivity", msg: "eeeee");
```

图 1-3　Log 代码示例

```
Logcat: Logcat +
Pixel 2 API 30 (emulator-5554) Android 11, API 30     package:mine
2023-04-23 10:50:20.855   1796-1796   MainActivity   cn.edu.jssvc.myapplication   V  aaaaa
2023-04-23 10:50:20.855   1796-1796   MainActivity   cn.edu.jssvc.myapplication   D  bbbbb
2023-04-23 10:50:20.855   1796-1796   MainActivity   cn.edu.jssvc.myapplication   I  ccccc
2023-04-23 10:50:20.855   1796-1796   MainActivity   cn.edu.jssvc.myapplication   W  ddddd
2023-04-23 10:50:20.855   1796-1796   MainActivity   cn.edu.jssvc.myapplication   E  eeeee
```

图 1-4　Logcat 中的打印信息

1.4　技能实践

1.4.1　Android 开发环境搭建

学习 Android 开发，需要经过一系列的上机实践，因此需要先在计算机上搭建 Android 开发环境。目前常用的 Android 开发环境是 Android Studio。Android 开发环境的安装包括 Android Studio 的安装及配置、SDK 的安装及配置、虚拟机的安装与配置。

Android 开发环境搭建

1. Android Studio 的下载与安装

从 Android 开发者官方网站下载 Android Studio 的安装包，如图 1-5 所示，如果需要下载其他版本则需要翻到网页下方，单击 download archives 或"下载归档"，如图 1-6 所示。

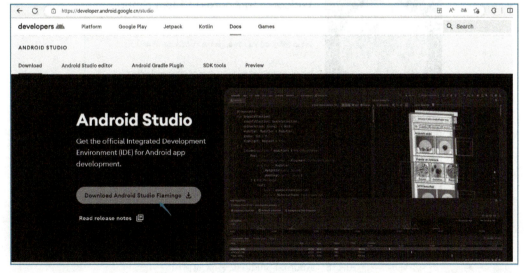

图 1-5　Android Studio 最新版官方下载网页

Platform	Android Studio package	Size	SHA-256 checksum
Windows (64-bit)	android-studio-2022.2.1.18-windows.exe Recommended	1.0 GB	c3811117b4fb8b41f23d060915a9bf020eab037e183b0eb1614ef44ad5103b8a
Windows (64-bit)	android-studio-2022.2.1.18-windows.zip No .exe installer	1.0 GB	60c66f50ca155e8befc9ba683d248e5ad152103a7b2bb3211bfdd9e3e78424eb
Mac (64-bit)	android-studio-2022.2.1.18-mac.dmg	1.2 GB	e770d71f3b269f7d8c95510b0a243ff6c467b2577056280885a360df087df5f1
Mac (64-bit, ARM)	android-studio-2022.2.1.18-mac_arm.dmg	1.2 GB	745f0fa810c12b775944f6eb09fb5c0fdae79521c3b00d6e42d350e159f909fb
Linux (64-bit)	android-studio-2022.2.1.18-linux.tar.gz	1.1 GB	cdd852c4499b5f7402df44dfc69e8ca418ffc9a684caab34047476fd2cb24efc
Chrome OS	android-studio-2022.2.1.18-cros.deb	844.9 MB	8ed5269db85eea539671da2be445d3374efbb99f42106b022c84d102566db60c

More downloads are available in the download archives. For Android Emulator downloads, see the Emulator download archives.

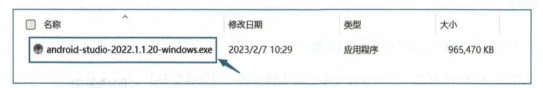

图 1-6　其他版本下载链接

下载完成后得到一个如图 1-7 所示的安装包：

名称	修改日期	类型	大小
android-studio-2022.1.1.20-windows.exe	2023/2/7 10:29	应用程序	965,470 KB

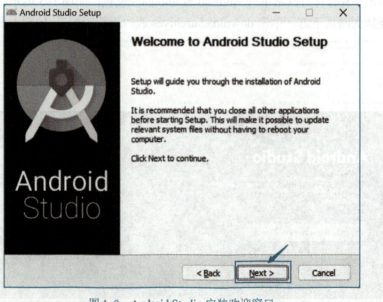

图 1-7　Android Studio 安装包

双击安装包启动安装程序，在 Android Studio 安装欢迎窗口（图 1-8）单击 Next 按钮，进入组件选择窗口（图 1-9），默认选中 Android Studio 和 Android Virtual Device，单击 Next 按钮。

图 1-8　Android Studio 安装欢迎窗口

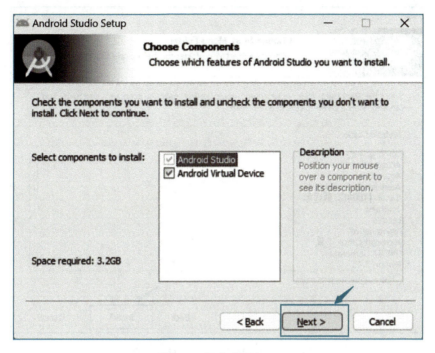

图 1-9　组件选择窗口

在安装路径选择窗口，如果 C：盘空间充足，则使用默认安装路径，否则选择空间充足的其他盘进行安装，如图 1-10 所示。在"选择开始菜单文件夹"窗口，使用默认设置即可，单击 Install 按钮开始安装，如图 1-11 所示。

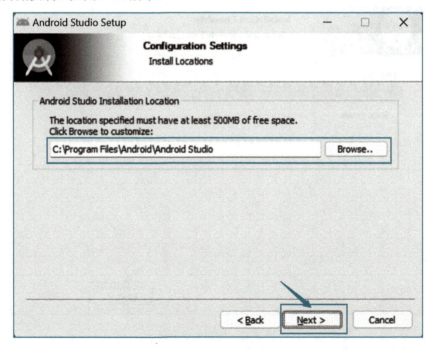

图 1-10　安装路径选择窗口

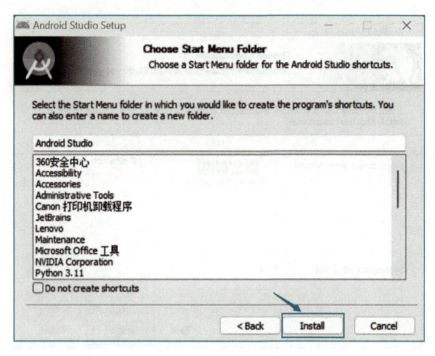

图 1-11 "选择开始菜单文件夹"窗口

安装完成后单击 Next 按钮（图 1-12），在完成窗口选中 Start Android Studio，单击 Finish 按钮，如图 1-13 所示。

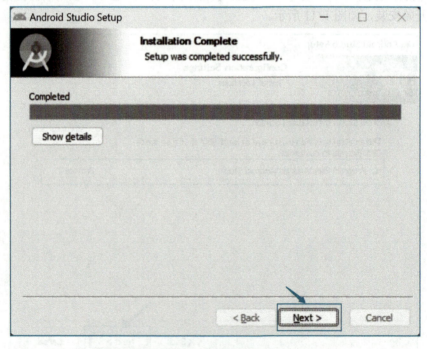

图 1-12 安装完成窗口

图 1-13　完成 Android Studio 安装窗口

2．Android Studio 的配置与 Android SDK 安装

Android Studio 第一次启动会弹出如图 1-14 所示的导入 Android Studio 设置窗口，如果之前该计算机没有安装过 Android Studio，就选择 Do not import settings，单击 OK 按钮。

图 1-14　导入 Android Studio 设置窗口

之后会进入 SDK 组件查找窗口，如图 1-15 所示。在弹出的帮助提升 Android Studio 窗口（图 1-16）中选择 Don't send，在 Android Studio First Run 窗口（图 1-17）中单击 Cancel 按钮。

图 1-15　SDK 组件查找窗口

图 1-16　帮助提升 Android Studio 窗口

图 1-17　Android Studio First Run 窗口

在 Android Studio 设置向导窗口（图 1-18）中单击 Next 按钮，进入安装类型选择窗口，选择 Custom，单击 Next 按钮，如图 1-19 所示。在选择默认 JDK 位置窗口，使用默认设置，单击 Next 按钮，如图 1-20 所示。

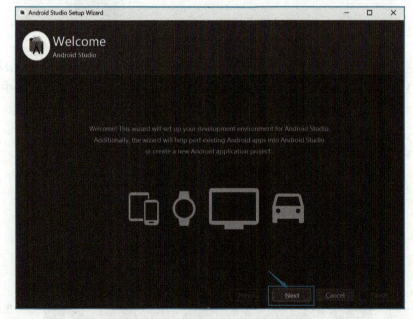

图 1-18　Android Studio 设置向导窗口

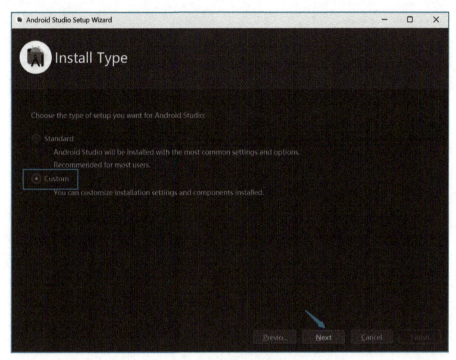

图 1-19　Android Studio 安装类型选择窗口

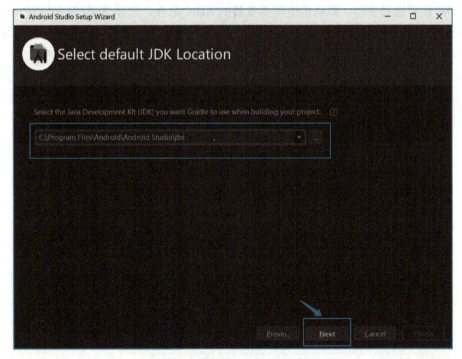

图 1-20　选择默认 JDK 位置窗口

在选择默认 UI 风格窗口，根据自身喜好选择 Darcula 的暗色调风格或淡色调的 Light 风格，本书选择的是 Light 风格，如图 1-21 所示。

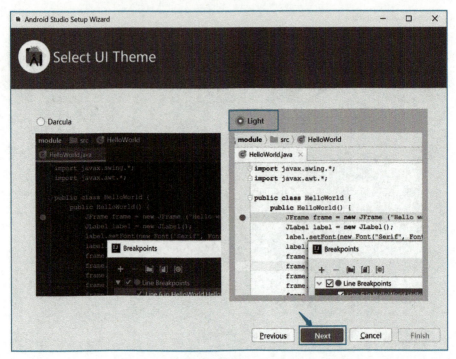

图 1-21　选择默认 UI 风格窗口

在 SDK 组件选择窗口，默认选中需要安装的 SDK 组件，选择 SDK 安装路径，单击 Next 按钮，如图 1-22 所示。在 Emulator 设置窗口，使用推荐设置，单击 Next 按钮，如图 1-23 所示。在验证设置窗口（图 1-24），检查需要安装的组件，单击 Next 按钮。

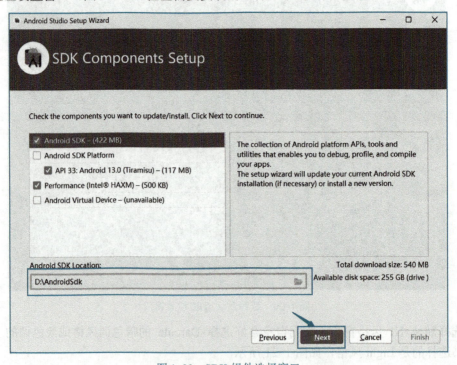

图 1-22　SDK 组件选择窗口

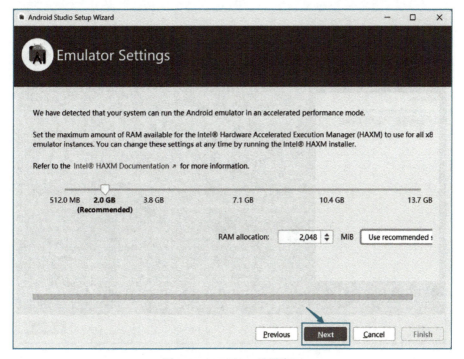

图 1-23　Emulator 设置窗口

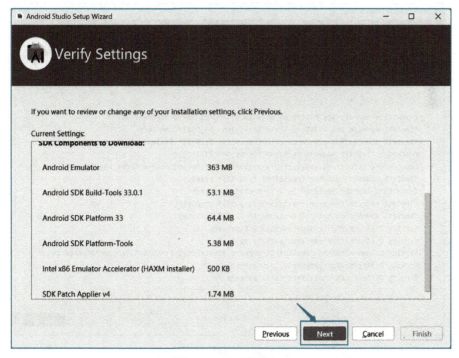

图 1-24　验证设置窗口

部分组件安装需要同意 License，在 License 协议窗口，依次选择需要同意的 License，选择 Accept。所有协议均同意后，单击 Finish 按钮，开始下载安装，如图 1-25 所示。下载安装完成后单击 Finish 按钮，即完成了 SDK 的安装，如图 1-26 所示。

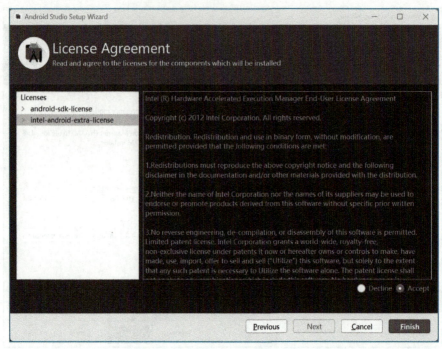

图 1-25　License 协议窗口

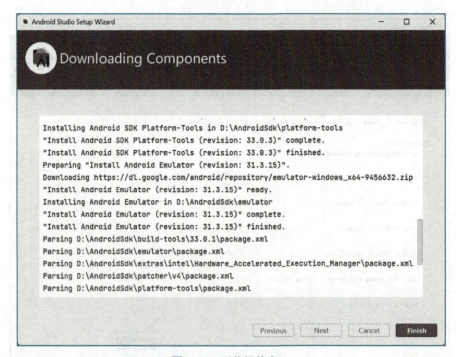

图 1-26　下载组件窗口

3. Android 虚拟设备的安装与配置

　　Android Studio 及 SDK 安装完成后，进入 Android 虚拟设备的安装。打开 Android Studio，选择 More Actions→Virtual Device Manager，如图 1-27 所示。

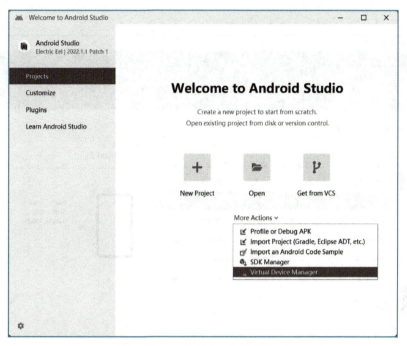

图 1-27　Android Studio 欢迎窗口

在设备管理窗口（图 1-28）单击 Create device 按钮，进入硬件选择窗口。选择合适的硬件屏幕，本书选择 Pixel 2 设备（图 1-29），单击 Next 按钮。在系统镜像界面选择需要安装的镜像，单击下载图标 ，进行下载，如图 1-30 所示。镜像下载完成后，单击 Finish 按钮，回到镜像选择窗口，单击 Next 按钮，如图 1-31、图 1-32 所示。

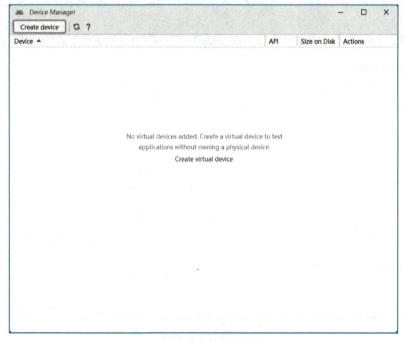

图 1-28　设备管理窗口

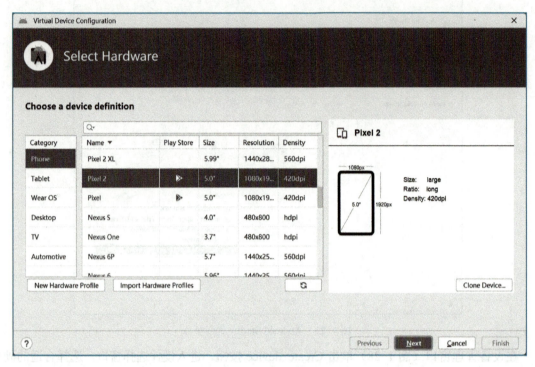

图 1-29 硬件选择窗口

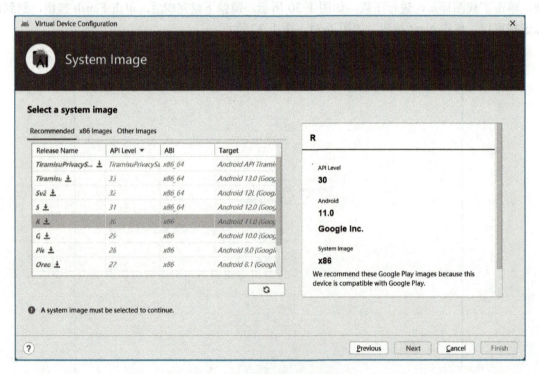

图 1-30 镜像选择窗口(一)

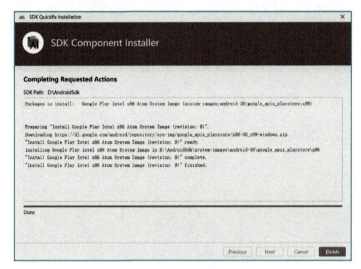

图 1-31　SDK 组件安装窗口

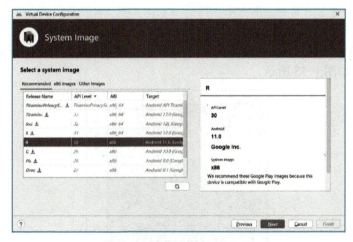

图 1-32　镜像选择窗口（二）

在虚拟设备配置窗口（图 1-33），使用默认配置，单击 Finish 按钮，随即在虚拟设备管理器窗口可以看到新生成的虚拟设备，如图 1-34 所示。

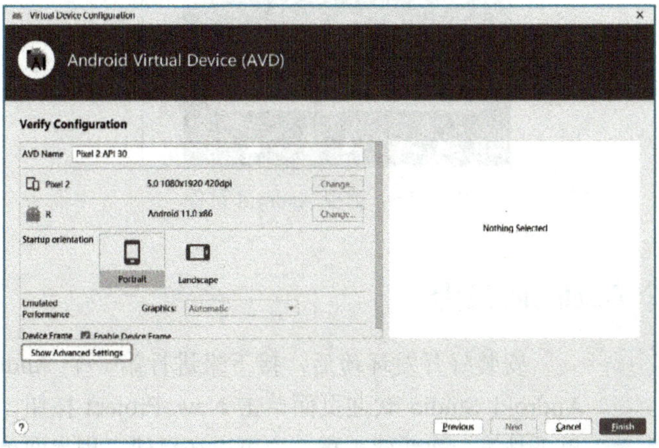

图 1-33　虚拟设备配置窗口

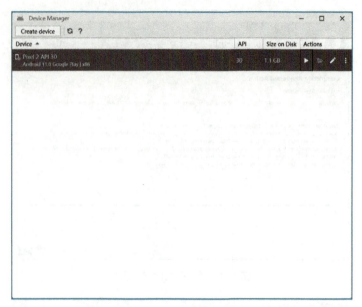

图 1-34　虚拟设备管理窗口

单击虚拟设备管理窗口右上角的三角形▶即可运行当前虚拟设备，运行成功后，将出现虚拟 Android 设备，如图 1-35 所示。

图 1-35　虚拟 Android 设备

1.4.2　第一个 Android 应用

安装好开发环境后，接下来进行第一个 Android 应用的开发。在 Android Studio 欢迎页面单击 New Project 按钮，如图 1-36 所示。如果不是第一次新建工程，也可以在已建工程界面单击菜单 File→New→

New Project...，如图 1-37 所示。

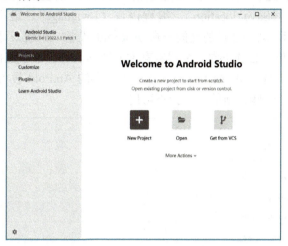

图 1-36　Android Studio 欢迎窗口

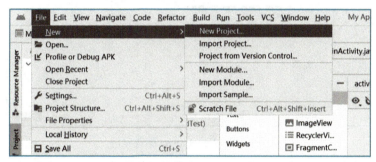

图 1-37　Android Studio 新建工程

在 New Project 窗口选择 Empty Activity，单击 Next 按钮，如图 1-38 所示。

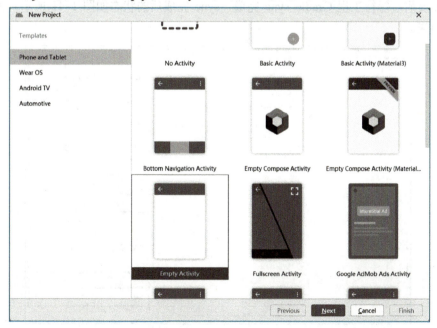

图 1-38　New Project 窗口

出现 New Project 配置窗口，需要配置的信息有：工程名（Name）、包名（Package name）、项目保存路径（Save location）、编程语言（Language）、最小支持 SDK（Minimum SDK），如图 1-39 所示。需要注意的是同一台 Android 设备，一般只可以安装一个相同包名的应用，因此不同的应用包名必须不同。编程语言本书选择 Java。最小支持 SDK 的选择需要兼顾兼容性和新特性。最小支持 SDK 版本越小，该应用兼容的 Android 设备越多，但是为了支持某些低版本 Android 设备，一些较新的特性会不可用。

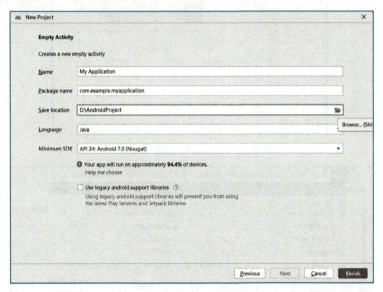

图 1-39 New Project 配置窗口

在图 1-39 中单击 Finish 按钮之后，即完成了工程的新建，Android Studio 会自动打开该新工程，如图 1-40 所示。第一次新建工程需要下载 Gradle 及工程所需依赖，花费的时间会比较长，此时需要耐心等待工程 Gradle sync 完成，sync 完成后的状态如图 1-41 所示，窗口右下角的进度条消失。

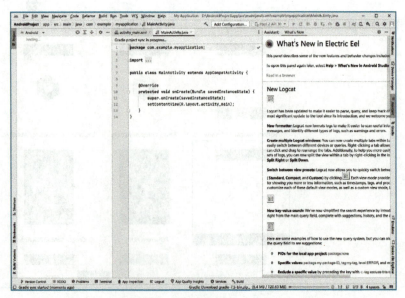

图 1-40 My Application 工程

项目 1　你好 Android——第一个 Android 应用

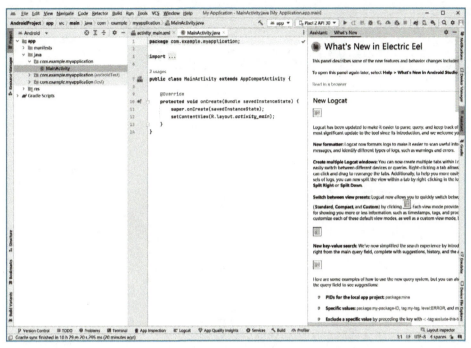

图 1-41　My Application 工程 sync 完成状态

在 sync 完成状态下，单击已经打开的 activity_main.xml 文件，可以看到该文件对应的预览界面，如图 1-42 所示。单击界面中的"Hello World!"，在右边的 Attributes 栏，找到 text，将其改为"Hello Android!"，按下<Enter>键，即可看到界面上的"Hello World!"变为"Hello Android!"，如图 1-43 所示。单击菜单栏的三角形图标▶，运行当前应用。应用运行成功后，可以在虚拟 Android 设备上看到"Hello Android!"，如图 1-44 所示。

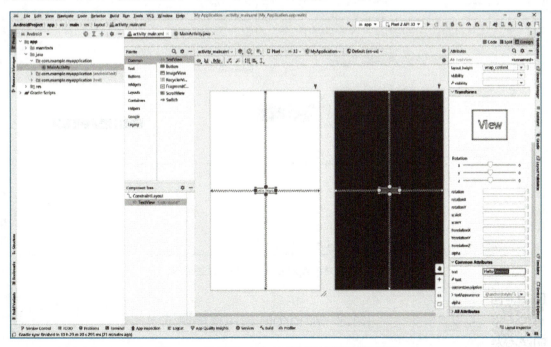

图 1-42　activity_main.xml 文件对应的预览界面

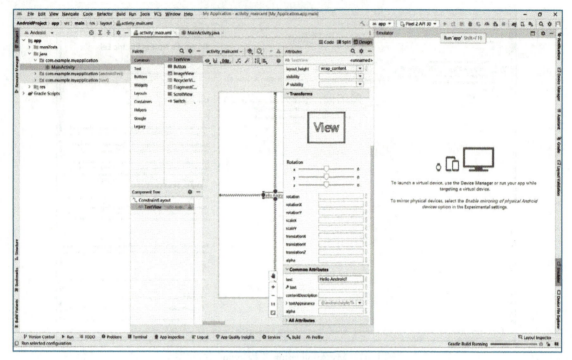

图 1-43　修改 text 属性值

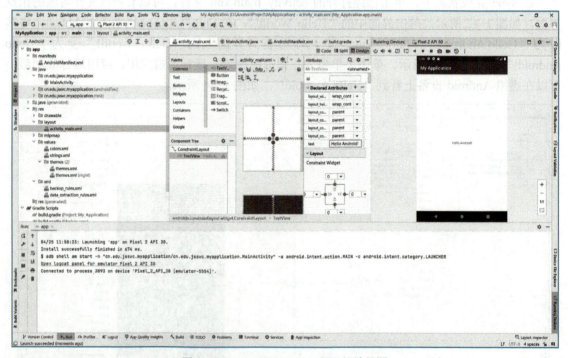

图 1-44　My Application 工程运行效果图

1.4.3　Android 应用程序调试

Android 的程序调试主要使用 Logcat 进行，本节主要介绍 Logcat

的使用。

1. 开启调试模式

使用 Android Studio 进行程序调试。首先需要连接虚拟 Android 设备或真实 Android 设备，设备上需要启用调试功能。

虚拟 Android 设备默认情况下会启用调试功能。对于真实 Android 设备，需要在设备开发者选项中启用调试功能。Android 设备的开发者选项一般在设置 App 里可以找到，在该界面中可以配置一些系统行为来帮助分析和调试应用性能。例如，可以启用 USB 调试、捕获 bug 报告、启用点按的视觉反馈、在窗口 surface 更新时刷写 surface、使用 GPU 渲染 2D 图形等。

不同版本的 Android 启用开发者选项的方法不同。在 Android 4.1 及更低版本上，开发者选项界面在默认情况下处于启用状态，在 Android 4.2 及更高版本上，必须手动启用此界面。

大部分 Android 设备启动开发者选项的方法是找到"设置"中的"关于手机"，再找到"版本号"，连续点按版本号选项七次，直到看到"您已处于开发者模式，无需进行此操作。"或类似消息。

注意在某些设备上，开发者选项界面所在的位置或所用的名称可能有所不同，具体可搜索各自品牌手机开发使用说明。

在开发者选项界面需要启用 USB 调试，以便 Android Studio 和其他 SDK 工具能够通过 USB 连接时识别设备，然后才能使用调试工具和其他工具，如图 1-45 所示。

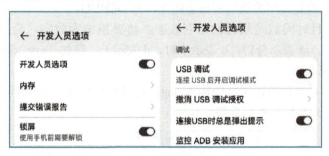

图 1-45　开启开发者选项和 USB 调试

Android 11 及以上系统还支持无线调试，无需使用数据线即可进行程序调试。无线调试开启方法与 USB 调试类似，具体使用步骤读者可查阅相关资料。

2. 使用 Logcat 查看日志

Android Studio 中的 Logcat 窗口会实时显示设备日志，日志来自在 Android 上运行的服务消息或系统消息、当前调试应用的消息。

如需查看应用的日志消息，可执行以下操作。

1）在 Android Studio 中，在实体设备或模拟器上构建并运行应用。

2）从菜单栏中依次选择 View → Tool Windows→Logcat。

3）默认情况下，Logcat 会滚动到末尾。单击 Logcat 视图或使用鼠标滚轮向上滚动即可关闭此功能。如需重新开启，可单击工具栏中的 Scroll to the End 图标，还可以使用工具栏清除、暂停或重启 Logcat。

如果应用抛出异常，Logcat 会显示一条消息，后跟相关联的堆栈轨迹，其中包含指向相应代码行的链接，如图 1-46 中所示的蓝色字"MainActivity.java:19"即表示错误出现在 MainActivity.java 文件的第 19 行，单击该蓝色字即可跳转到出错代码处。

图 1-46　Logcat 示例

3. 搜索查询日志

在 Android Studio 中，可以直接从主查询字段生成键值对搜索所需日志。以下是可以在查询中使用的键。

- tag：与日志条目的 tag 字段匹配。
- package：与日志记录应用的软件包名称匹配。
- process：与日志记录应用的进程名称匹配。
- message：与日志条目的消息部分匹配。
- level：与指定或更高严重级别的日志匹配，如 DEBUG。
- age：如果条目时间戳是最近的，则匹配。值要指定为数字，后跟表示时间单位的字母：s 表示秒，m 表示分钟，h 表示小时，d 表示天。例如，age: 5m 只会过滤过去 5min 内记录的消息。

如图 1-47 所示，在日志搜索框中输入 tag，可以看到支持 tag 的匹配模式，包括精确匹配、包含、正则表达式匹配、不包含等。

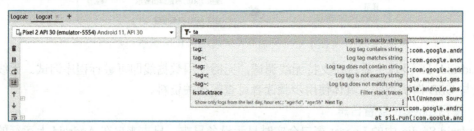

图 1-47　Logcat tag 键值匹配模式

大部分其他键同样有这些匹配模式。图 1-48 所示是 message 键的匹配模式，除此之外，还有个特殊查询: package:mine，表示当前包名下的所有日志信息，如图 1-49 所示。

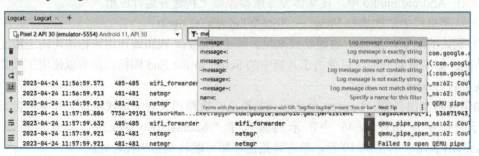

图 1-48　Logcat message 键的匹配模式

项目 1　你好 Android——第一个 Android 应用

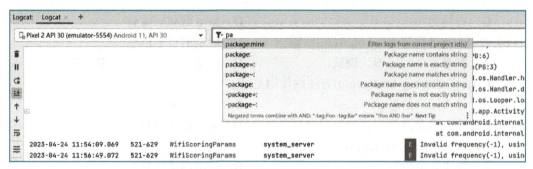

图 1-49　Logcat package:mine 匹配模式

　　level 查询与 Logcat 消息的日志级别匹配，其中日志条目的级别大于或等于查询级别。例如，level:INFO 匹配日志级别为 INFO、WARN、ERROR 或 ASSERT 的任何日志条目，级别不区分大小写，如图 1-50 所示。有效级别包括：VERBOSE、DEBUG、INFO、WARN、ERROR 和 ASSERT。

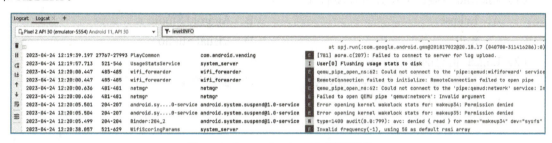

图 1-50　Logcat level:INFO 匹配模式

1.5　理论测试

1．单选题

（1）Android 开发环境中的 Android SDK 是指（　　）。
　　A．Android 虚拟机　　　　　　　　B．Android 软件开发包
　　C．Java 虚拟机　　　　　　　　　　D．Java 运行时
（2）Android 开发环境中的 JDK 是指（　　）。
　　A．Java 开发包　　　　　　　　　　B．Java 运行时
　　C．Java 编译器　　　　　　　　　　D．Java 解释器
（3）Android 项目中放置常量的 string.xml 位于（　　）目录下。
　　A．layout　　　　　　　　　　　　 B．res/layout
　　C．res/values　　　　　　　　　　　D．assets
（4）AndroidManifest.xml 是（　　）。
　　A．布局文件　　　　　　　　　　　　B．应用构建脚本
　　C．整个应用的清单文件，配置文件　　D．Java 源代码文件
（5）build.gradle 是（　　）。
　　A．应用构建脚本　　　　　　　　　　B．清单文件，配置文件

C．布局文件　　　　　　　　　　　　D．Java 源代码文件
(6) 在 Android 程序中，Log.w()用于输出（　　）级别的日志信息。
　　　A．警告　　　　B．调试　　　　　　C．信息　　　　　　D．错误
(7) Log.v(String tag, String msg)方法的作用是（　　）。
　　　A．输出冗余信息　　　　　　　　　　B．输出调试信息
　　　C．输出错误信息　　　　　　　　　　D．输出普通信息
(8) Log.e(String tag, String msg)方法的作用是（　　）。
　　　A．输出冗余信息　　　　　　　　　　B．输出调试信息
　　　C．输出错误信息　　　　　　　　　　D．输出普通信息
(9) 以下（　　）日志级别最高。
　　　A．ERROR　　　　B．WARN　　　　C．INFO　　　　　　D．DEBUG

2．多选题
(1) Android 主要的应用开发环境有（　　）。
　　　A．Eclipse　　　　　　　　　　　　　B．Android Studio
　　　C．Keil　　　　　　　　　　　　　　D．Visual Studio
(2) Logcat 信息的类型有（　　）。
　　　A．冗余信息　　　B．普通信息　　　　C．调试信息　　　　D．警告信息
　　　E．错误信息

1.6　项目演练

1．创建并运行第一个 Android 应用，界面显示"Hello, My Android！"。
2．在 Android 设备上调试 Android 应用，打印日志显示当前日期和时间。

1.7　项目小结

　　本项目介绍了第一个 Android 应用的开发，从开发环境安装到创建第一个 Android 应用工程，再到程序调试，完整地展现了一个 Android 应用开发的全流程，为后续项目的开发打好了基础。

1.8　项目拓展

操作系统简史
　　操作系统（Operating System，OS）是一个协调、管理和控制计算机硬件资源和软件资源的控制程序。根据运行的环境，操作系统可以分为桌面操作系统、手机操作系统、服务器操作系统、嵌入式操作系统等。

操作系统并不是与计算机硬件一起诞生的，它是在人们使用计算机的过程中，为了满足两大需求：提高资源利用率、增强计算机系统性能，伴随着计算机技术本身及其应用的日益发展，而逐步形成和完善起来的。1946 年第一台计算机诞生至 20 世纪 50 年代中期，未出现操作系统，计算机工作采用手工操作方式。

20 世纪 50 年代后期，出现人机矛盾：手工操作的慢速度和计算机的高速度之间形成了尖锐矛盾，手工操作方式已严重损害了系统资源的利用率（使资源利用率降为百分之几，甚至更低）。需要摆脱人的手工操作，实现作业的自动过渡，这样就出现了批处理。首先出现的是单道批处理系统。

单道批处理系统按顺序完成任务。外设和 CPU 交替空闲和忙碌，CPU 和外设利用效率低，作业运行过程中若发生 I/O 请求，高速的 CPU 要等待低速的 I/O 操作完成，导致 CPU 资源利用率和系统吞吐量降低。

为了解决单道批处理系统效率低的问题，20 世纪 60 年代出现了多道批处理系统。内存中存放多道程序，当某道程序因某种原因，如执行 I/O 操作时，而不能继续使用 CPU 时，操作系统便调度另一程序运行，这样可以充分利用 CPU 资源，达到提高系统效率的目的。

随着集成电路的发展，第三代计算机诞生。1964 年，IBM 发布了 S/360 系统，对应的最早的主机操作系统为 OS/360。OS/360 支持多道程序，最多可同时运行 15 道程序。不过该项目并没有获得预想的成功，360 计划虽然是在 1961 年开始启动，但等到完成已是 1964 年。尽管软件开发工作未获全胜，但 360 项目还是取得了辉煌的成功，IBM 借此在计算机行业几乎是一统天下，IBM/360 更被誉为人类从原子能时代进入信息时代的标志。此后 IBM 开发的大型机系列都保持了与 360 系统的兼容，直到最新的 z 系列，在 360 上编写的程序仍可以不经修改就运行，"兼容"这一概念从此开始深入人心。

1965 年前后由贝尔实验室、麻省理工学院、通用电气合作计划建立一套多用户（multi-user）、多任务（multi-processor）、多层次（multi-level）的 MULTICS 操作系统，想让大型主机支持 300 台终端，这个项目进展缓慢，资金短缺，1969 年前后贝尔实验室退出了研究。

1969 年从这个项目中退出的贝尔实验室员工 Ken Thompson 在实验室无聊时，为了在一台空闲的计算机上能够运行"星际旅行（Space Travel）"游戏，在当年 8 月份左右趁着其妻子探亲的时间，用了一个月的时间，使用汇编语言写出了 UNIX 操作系统的原型。

1970 年，Ken Thompson 以 BCPL 语言为基础，设计出很简单且很接近硬件的 B 语言（取 BCPL 的首字母），并且用 B 语言写了第一个 UNIX 操作系统。

1971 年，同样酷爱"星际旅行"的 Dennis M. Ritchie 为了能早点儿玩上游戏，加入了 Thompson 的开发项目，合作开发 UNIX，他的主要工作是改造 B 语言，因为 B 语言的跨平台性较差。

1972 年，Dennis M. Ritchie 在 B 语言的基础上最终设计出了一种新的语言，他取了 BCPL 的第二个字母作为这种语言的名字，这就是 C 语言。

1973 年初，C 语言的主体完成，Thompson 和 Ritchie 迫不及待地开始用它完全重写了现在大名鼎鼎的 UNIX 操作系统。

DOS 是 1979 年由微软公司为 IBM 个人计算机开发的 MS-DOS，是一个单用户单任务操作系统。

20 世纪 80 年代，出现了 Windows 操作系统，20 世纪 90 年代出现了 Linux，21 世纪 00 年代，出现了 Android、Mac OS X。

Android 是全球用户最多的操作系统，Windows 是桌面用户最多的操作系统。我国也在操作系统上探索过很多。

国产操作系统起步较早，但发展缓慢，前赴后继，出现了很多国产操作系统，主要以 Linux 为内核，PC 系统较多。进入 21 世纪，也推出了阿里云 OS 和鸿蒙 OS 等移动端操作系统。

华为鸿蒙操作系统是国产系统的又一次尝试，也是一次重要的突破。在过去的几十年里，我国曾经多次尝试开发国产操作系统，但遗憾的是，这些尝试大多数都以失败告终。然而，这并没有动摇我国在关键软件领域实现国产化的决心。

华为鸿蒙操作系统的推出，或许能够带来与众不同的改变。鸿蒙系统的推出也标志着我国在操作系统等关键软件领域的自主研发能力得到了进一步提升。在过去，我国操作系统等关键软件的对外依赖度较高，这在一定程度上限制了我国信息产业的发展。华为鸿蒙系统的问世，有助于减少对外部技术的依赖，提高我国在全球信息技术产业链中的地位。

操作系统发展历程如图 1-51 所示。

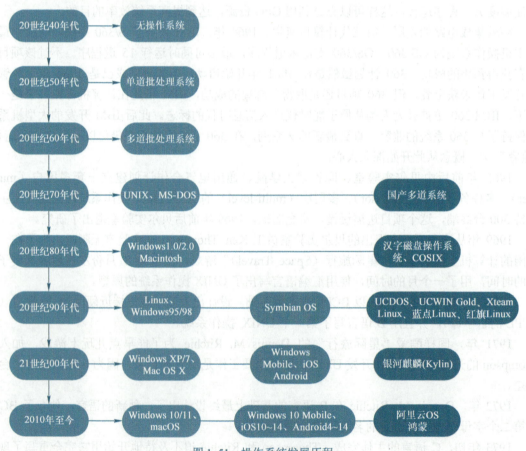

图 1-51 操作系统发展历程

项目 2　个性名片——界面布局

2.1　项目场景

　　Android 应用的界面由布局和布局里的控件组成，布局决定了控件的位置，是界面设计的重要组成部分。如果把界面类比成桌面，那么布局相当于有摆放规则的桌布，控件相当于桌面上的物品，桌面上的物品怎么摆，由桌布上的规则决定，即由布局决定。图 2-1 所示是本项目要学习的一些布局示例。

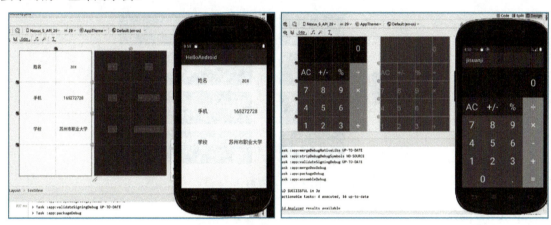

图 2-1　布局示例

2.2　学习目标

　　掌握线性布局、表格布局、帧布局、约束布局的使用方式；熟练使用上述布局方式进行界面布局。

2.3　知识学习

2.3.1　布局概述

1. 布局简介

　　布局是指一种可用于放置很多控件的容器，根据既定的规则决定内部控件的位置。布局的内部也可以放置布局，即布局嵌套，布局嵌

布局概述

套可以实现一些比较复杂的界面。

Android 中有多种编写程序界面的方式可供选择。Android Studio 提供了相应的可视化编辑器，允许使用拖放控件的方式来编写布局，并能在视图上直接修改控件的属性。界面也可以通过编写 XML 代码来实现。此外，通过 Java 或 Kotlin 代码也可以编写布局。

使用 Android Studio 创建工程应用时，会默认生成一个主界面布局，该布局位于 res/layout 目录中。实际开发中每个应用程序都包含多个界面，而程序默认提供的一个主界面布局无法满足需求，因此经常会在程序中添加多个布局。

Android 的常用布局包括线性布局、表格布局、帧布局、约束布局等。如图 2-2 所示，线性布局是以水平或垂直方向排列的布局方式，表格布局是以表格形式排列的布局方式，帧布局的帧里的控件是叠加排放的，约束布局是最灵活的一种布局方式，通过相对定位排列、可视化的方式编写布局。约束布局也是 Android Studio 默认的布局方式。

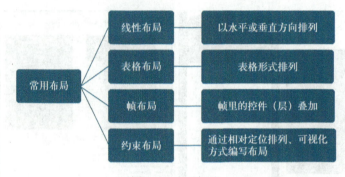

图 2-2　布局概述

2. XML 简介

Android 的布局文件一般是 XML 文件，XML 指可扩展标记语言（Extensible Markup Language，XML），可以用来标记数据、定义数据类型，是一种允许用户对自己的标记语言进行定义的源语言。

XML 文件由 XML 元素组成，每个 XML 元素包括一个开始标记"<"，一个结束标记">"以及两个标记之间的内容。XML 符号及其含义见表 2-1，图 2-3 所示是一个 Android 布局的 XML 文件，左右尖括号之间的内容就是一个元素。例如，图 2-3 中第 2 行～第 5 行的 <LinearLayout> 就是一个元素。元素在形式上可包括序言、起始标记、结束标记、空元素、注释、引用、字符数据段等。

表 2-1　XML 符号及其含义

符号	说明	含义
<	左尖括号	表示 XML 元素的开始标记
>	右尖括号	表示 XML 元素的结束标记
/	斜杠	表示 XML 元素的结束标记
""	双引号	用于起 XML 元素的属性值
=	等号	用于分隔 XML 元素的属性名称和属性值
!--	叹号双减号	表示 XML 注释的开始标记
--	双减号	表示 XML 注释的结束标记

```xml
1  <?xml version="1.0" encoding="utf-8"?>
2  <LinearLayout xmlns:android="http://schemas.android.com/apk/res/android"
3      android:orientation="vertical"
4      android:layout_width="match_parent"
5      android:layout_height="match_parent">
6  
7      <TextView
8          android:id="@+id/textView2"
9          android:layout_width="match_parent"
10         android:layout_height="wrap_content"
11         android:text="TextView" />
12 
13     <RadioGroup
14         android:layout_width="match_parent"
15         android:layout_height="match_parent" >
16 
17         <RadioButton
18             android:id="@+id/radioButton"
19             android:layout_width="match_parent"
20             android:layout_height="wrap_content"
21             android:text="RadioButton" />
22 
23         <RadioButton
24             android:id="@+id/radioButton2"
25             android:layout_width="match_parent"
26             android:layout_height="wrap_content"
27             android:text="RadioButton" />
28     </RadioGroup>
29     <!--  这是个LinearLayout    -->
30 </LinearLayout>
```

图 2-3　XML 文件示例

（1）序言

序言是 XML 文档的第一部分。序言包含 XML 声明（表明该文档是 XML 文档）、处理指令（提供 XML 分析程序，用于确定如何处理文档的信息）和架构声明（确定用于验证文档是否有效的 XML 架构）。例如，图 2-3 中 XML 文件的第一行<?xml version="1.0" encoding="utf-8"?>即为序言。

（2）根元素

根元素是 XML 文档的主要部分，它包含文档的数据以及描述数据结构的信息。图 2-3 中的 LinearLayout 就是根元素。XML 文件有且只有一个根元素，其他元素都是这个根元素的子元素，根元素包括了文档中其他所有的元素。根元素的起始标记要放在所有其他元素的起始标记之前，根元素的结束标记要放在所有其他元素的结束标记之后。

根元素中的信息存储在两种类型的 XML 结构中：元素和属性。XML 文档中使用的所有元素和属性都嵌套在根元素中。

（3）元素

元素是 XML 文档的基本构成单元，它用于表示 XML 文档的结构和 XML 文档中包含的数据。元素包含开始标记、内容和结束标记。开始标记和结束标记必须完全匹配。例如，图 2-3 中的<TextView … />和<RadioGroup>…</RadioGroup>均为 LinearLayout 的子元素。

元素可以包含文本、其他元素、字符引用或字符数据部分。例如，图 2-3 中 RadioGroup 元素包含了另一个元素 RadioButton。没有内容的元素称为空元素。空元素的开始标记和结束标记可以合并为一个标记，如图 2-3 中的<TextView … />。

（4）属性

属性是使用与特定元素关联的对应"名称=值"的 XML 构造。其中包含的有关元素内容的信息并非总是用于显示，也用于描述元素的某种属性。使用等号分隔属性名称和属性值，并且包含在元素的开始标记中。属性值包含在单引号或双引号中。例如，图 2-3 中第 8 行～第 11 行描述了 TextView 元素的四个属性：android:id、android:layout_width、android:layout_height、android:text，其中 android:text="TextView"表示 android:text 属性的值为 TextView。

（5）注释

XML 文档可以包含注释。注释并不由 XML 分析程序进行处理，而是为了对文档中的 XML 源代码提供必要的说明。注释以"<!--"开始，并以"-->"结束。在这些字符之间的文本会被 XML 分析程序忽略。如图 2-3 中的第 30 行即为一个注释。需要注意的是注释不能放在元素的<>之间。

XML 文件需要注意的规则有：

（1）区分大小写

在 XML 文件中，大小写是有区别的。Abc 和 abc 是不同的标记。注意在写元素时，前后标记的大小写要保持一致。

（2）所有的标记必须有相应的结束标记

在 XML 文件中，所有标记必须成对出现，有一个开始标记，就必须有一个结束标记，否则将被视为错误。结束标记有两种，一种是带子元素的结束标记，另一种是不带子元素的结束标记。如图 2-3 所示，第 29 行为根元素的结束标记，第 11 行的 TextView 元素以"/>"结束。

3. 创建布局文件

作为初学者，一般通过 XML 来创建和设计布局文件。按照项目 1 的方法创建工程后一般会生成一个名为 activity_main.xml 的布局文件，如果需要手动创建布局文件，则需要找到 res/layout 目录，右键单击 layout→New→Layout Resource File，如图 2-4 所示。在弹出的 New Resource File 窗口（图 2-5）中填写文件名，单击 OK 即可。

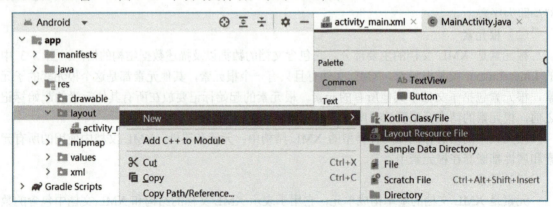

图 2-4　创建布局文件

项目 2　个性名片——界面布局

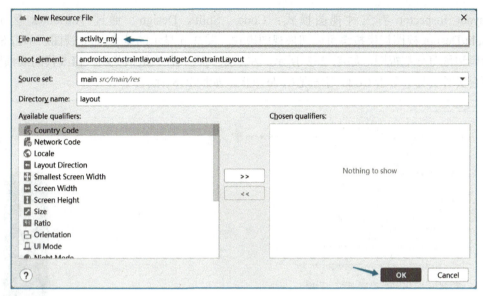

图 2-5　New Resource File 窗口

4. Layout Inspector 介绍

Android Studio 使用 Layout Inspector 来进行布局的设计。图 2-6 所示是 Layout Inspector 下 activity_main.xml 文件的 Design 视图界面。图中左上角是 Palette 区，有工程中可用的各种控件，左下角是 Component Tree 区，表示现有布局的架构；中间栏是预览区，可以将 Palette 区的控件用鼠标拖曳到预览区进行布局；右边栏是 Attributes 区，Attributes 区的属性和属性值随着被选中控件的不同而变化，图中控件 TextView 被选中，右边 Attributes 区即是该控件的属性（Attributes）。

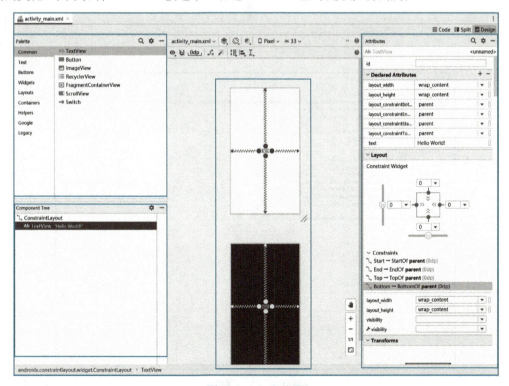

图 2-6　Design 视图

Layout Inspector 有三种视图模式：Code、Split、Design。通过 Attributes 区上方的 Code/Split/Design 视图切换按键可以切换视图模式。图 2-6 显示的是 Design 视图。单击 Split 则出现代码和预览分割视图，如图 2-7 所示。左边是代码，右边是预览图，修改代码或预览，另一方都会实时变化。单击 Code 则出现 Code 视图，如图 2-8 所示。

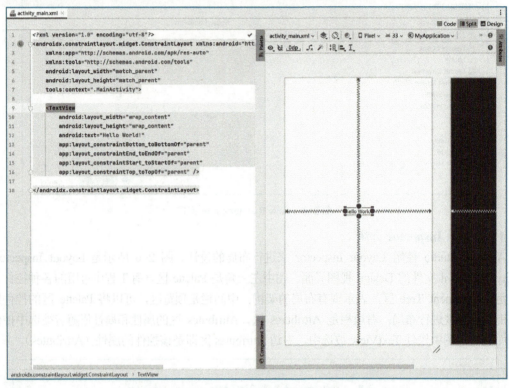

图 2-7　Split 视图

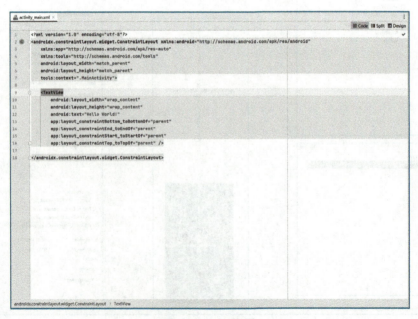

图 2-8　Code 视图

5. 布局的常见属性与值

Android 的布局有一些通用的属性，如布局的宽度、高度、背景等，可以在 Layout Inspector 中通过 Code 或 Design 增加、删除、修改属性值。布局中的一些常见属性及其作用见表 2-2。

表 2-2 布局中的常见属性及其作用

属性名	作用
android:layout_width	设置布局的宽度
android:layout_height	设置布局的高度
android:layout_margin	设置布局与屏幕边界或与周围控件的距离
android:padding	设置布局与该布局中控件的距离
android:id	设置布局的标识 id
android:background	设置布局的背景

屏幕、布局、布局中的控件、布局的 layout_width、布局的 android:layout_margin、布局的 android:padding 之间的关系如图 2-9a 所示，图中灰色部分表示布局。图 2-9b 所示是一个简单布局的 XML 代码及其效果预览图，图中 LinearLayout 是个布局，TextView 是其中的控件。

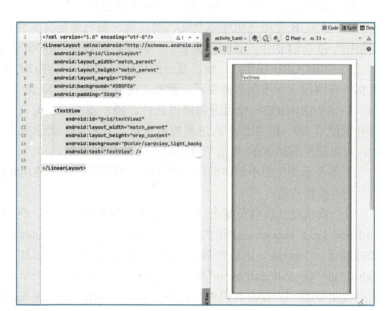

a) 属性示意图　　　　　　　　　　　　　　b) 布局示意图

图 2-9 布局大小与距离示例

从图 2-9b 中的 XML 代码可以看出，布局中属性的值主要有三种：特定含义的字符串、普通值、@指向值。

（1）特定含义的字符串

特定含义的字符串包括：match_parent、wrap_content 等。match_parent 表示该布局的大小与父容器（根元素的父容器是屏幕）的大小相同。wrap_content 表示该布局的大小恰好能包裹它的内容。

（2）普通值

普通值包括数值+单位、字符串、颜色值等，例如，"30dp"、字符串 TextView、"#DBDFE6"。其中有个特殊的"0dp"，用于控件大小时，表示该控件的大小由控件约束决定。

在 Android 中，对于布局或控件大小，支持的常用尺寸单位如下。

1）px（pixels，像素）：每个 px 对应屏幕上的一个点。例如，1920×1080 的屏幕在横向有 1920 个像素，在纵向有 1080 个像素。

2）dp（density-independent pixels，设备独立像素）：是一种与屏幕密度无关的尺寸单位。在 160 点/in⊖的显示器上，1dp=1px。当程序运行在高分辨率的屏幕上时，dp 就会按比例放大，当运行在低分辨率的屏幕上时，dp 就会按比例缩小。

3）sp（scaled pixels，比例像素）：主要处理字体的大小，可以根据用户字体大小首选项进行缩放。sp 能够跟随用户系统字体大小变化而改变，所以它更加适合作为字体大小的单位。

在 Android 中，颜色值用 RGB（红、绿、蓝）三基色和一个透明度（Alpha）表示，颜色值必须以"#"开头，"#"后面显示 Alpha-Red-Green-Blue 形式的内容。其中，Alpha 值可以省略，如果省略，表示颜色默认是完全不透明的。一般情况下，使用以下四种形式定义颜色。

1）#RGB：使用红、绿、蓝三原色的值定义颜色，其中，红、绿、蓝分别使用一位 0～f 的十六进制数值表示。例如，可以使用#00f 表示蓝色。

2）#ARGB：使用透明度以及红、绿、蓝三原色来定义颜色，其中，透明度、红、绿、蓝分别使用一位 0～f 的十六进制数值表示。例如，可以使用#800f 表示半透明的蓝色。

3）#RRGGBB：使用红、绿、蓝三原色定义颜色，与#RGB 不同的是，这里的红、绿、蓝使用 00～ff 两位十六进制数值表示。例如，可以使用#00ff00 表示绿色。

4）#AARRGGBB：使用透明度以及红、绿、蓝三原色定义颜色，其中，透明度、红、绿、蓝分别使用 00～ff 两位十六进制数值表示。其中#00 表示完全透明，ff 表示完全不透明。例如，可以使用#88ff0000 表示半透明的红色。

上述表示颜色的小写字母也可以换成大写字母。如绿色用#0f0 表示，也可以用#0F0 表示。

（3）@指向值

@指向值是指该值是某个 XML 文件的某个属性的值。例如，android:background="@color/cardview_light_background"指的是该布局的背景颜色值是 color.xml 中 cardview_light_background 属性的值。"@+id"比较特殊，是指在 R.java 文件中添加一个布局或控件的 id。例如，android:id="@+id/linearLayout"是指在 R.java 文件中添加了一个 id——linearLayout，该 id 可以用来指代此布局，在 Java 代码中可以使用 findViewById(R.id.linearLayout)来找到此布局。

2.3.2 线性布局的概念与属性

线性布局的概念与属性

线性布局（LinearLayout）是 Android 中最简单的布局方式，线性布局方式会使得所有在其内部的控件或子布局按一条水平或垂直的线排列。如图 2-10 所示，图 2-10a 所示是纵向线性布局示意图，图 2-10b 所示是横向线性布局示意图。

⊖ 1in=0.0254m。

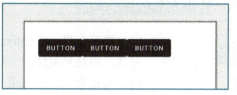

a) 纵向线性布局示意图　　　　　b) 横向线性布局示意图

图 2-10　布局大小与距离示例

　　线性布局的常见属性及其作用见表 2-3。android:gravity 和 android:layout_gravity 属性值及其含义见表 2-4。LinearLayout 一般通过 android:gravity 来设置其内部控件的位置，默认设置是 top 且 start，如图 2-10 所示。

表 2-3　线性布局的常见属性及其作用

属性名	作用
android:orientation	设置布局的方向，垂直（vertical）或水平（horizontal），默认为水平（horizontal）方向
android:gravity	设置内部控件对齐方式，常见属性值及其含义见表 2-4
android:layout_gravity	设置自身相对于父元素的布局，常见属性值及其含义见表 2-4
android:layout_weight	设置权重，分配当前控件占剩余空间的大小，默认值为 0

表 2-4　android:gravity 及 android:layout_gravity 属性值及其含义

属性名	作用
center_horizontal	水平居中显示
center_vertical	垂直居中显示
center	居中显示，当 LinearLayout 线性方向为垂直方向时，center 表示水平居中，但是并不能垂直居中，此时等同于 center_horizontal 的作用；当线性方向为水平方向时，center 表示垂直居中，等同于 center_vertical
top	居顶
bottom	居底
start	居左，推荐使用
end	居右，推荐使用
left	居左，不推荐使用
right	居右，不推荐使用

　　android:layout_weight 用于设置权重，分配当前控件占剩余空间的大小。该属性的默认值为 0，表示控件需要显示多大就占据多大的屏幕空间。当设置一个大于 0 的数字时，则将父容器的剩余空间分割，分割的大小取决于每个控件的 layout_weight 属性值占比。如图 2-11 所示，在水平线性布局中，控件 BUTTON1 的 android:layout_weight 设置为 1，控件 BUTTON2 的 android:layout_weight 设置为 2，则 BUTTON1 占据屏幕宽度的 1/3，BUTTON1 占据屏幕宽度的 2/3。

图 2-11　android:layout_weight 示例

线性布局实操

2.3.3 约束布局的概念与属性

约束布局的概念与属性

约束布局（ConstraintLayout）是当前 Android Studio 默认的布局方式，也是最灵活的一种布局方式。约束布局推荐使用所见即所得的模式进行布局，其大部分布局可以通过 Design 视图完成，可以在布局文件的 Design 视图中采用鼠标拖放操作结合属性栏窗口设置完成约束布局的界面设计，大幅简化了布局代码输入和控件间位置关系的人为判断。约束布局的属性非常多，但是不需要强记，可以通过 Design 页面来认识各种属性。

早期的 Android 的相对布局（RelativeLayout）基本被约束布局 ConstraintLayout 取代，ConstraintLayout 使用起来比 RelativeLayout 更灵活，性能更出色。此外，ConstraintLayout 可以按照比例约束控件位置和尺寸，能够更好地适配不同大小的屏幕。

约束布局属性主要可以分为：相对定位、边距、居中和偏移、尺寸约束、链等。

1．相对定位约束

相对定位是指控件对于另一个控件位置的约束，可以让控件相对于其他控件或父控件进行布局，也可以设置控件相对于其他控件或父控件进行上下左右对齐。如图 2-12 所示，被选中的 TextView 控件距离父控件上边缘 60dp，距离左边的一个 TextView 右边缘 92dp。

相对定位实操

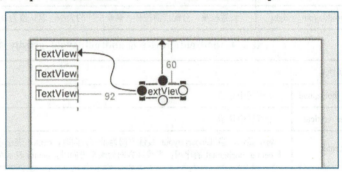

图 2-12 相对定位示例

图 2-12 中的布局对应的代码如下。

```
<TextView
    android:id="@+id/textView8"
    android:layout_width="wrap_content"
    android:layout_height="wrap_content"
    android:layout_marginStart="92dp"
    app:layout_constraintStart_toEndOf="@+id/textView6"
    android:layout_marginTop="60dp"
    app:layout_constraintTop_toTopOf="parent"
    android:text="TextView" />
```

其中 android:layout_marginStart="92dp"和 app:layout_constraintStart_toEndOf="@+id/textView6"用于设置该控件的左侧距离 textView6 控件的右侧 92dp。android:layout_marginTop="60dp"和 app:layout_constraintTop_toTopOf="parent"用于设置该控件的上侧距离父窗体的上侧 60dp。

如图 2-13 所示，被选中的控件分别与上方控件左对齐，与右边的控件底对齐，此时该控件的位置也就确定了。一个控件在约束布局中要确定位置，至少要一个垂直方向的约束和一个水平方向的约束。在所有需要对齐的控件被选中的情况下，对齐也可以通过单击 Design 视图中工

具栏的对齐工具 来完成。

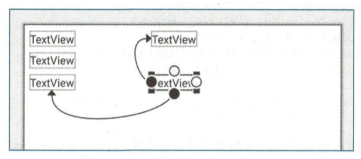

图 2-13 控件对齐示例

图 2-13 中被选中控件的布局约束代码如下。

```
<TextView
    android:id="@+id/textView8"
    android:layout_width="wrap_content"
    android:layout_height="wrap_content"
    android:text="TextView"
    app:layout_constraintBottom_toBottomOf="@+id/textView9"
    app:layout_constraintStart_toStartOf="@+id/textView10" />
```

其中 app:layout_constraintBottom_toBottomOf="@+id/textView9"用于设置该控件与 textView9 控件底部对齐，app:layout_constraintStart_toStartOf="@+id/textView10"用于设置该控件与 textView10 控件的左边对齐。

2. 居中和偏移约束

居中可以通过设置距离为 0dp 来实现。如果需要将控件水平居中显示，可以将控件水平方向的两个约束设置为 0；如果需要将控件垂直居中显示，可以将控件垂直方向的两个约束设置为 0。如图 2-14 所示，偏移可以通过 Attributes Layout 区滑动图中的滑条来实现。代码如下。

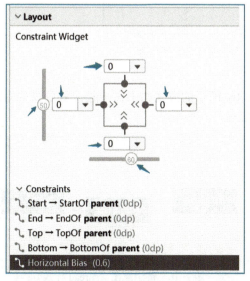

居中和偏移约束实操

图 2-14 居中和偏移控制图

```xml
<TextView
    android:layout_width="wrap_content"
    android:layout_height="wrap_content"
    android:text="Hello World!"
    app:layout_constraintBottom_toBottomOf="parent"
    app:layout_constraintEnd_toEndOf="parent"
    app:layout_constraintHorizontal_bias="0.6"
    app:layout_constraintStart_toStartOf="parent"
    app:layout_constraintTop_toTopOf="parent" />
```

上述代码对应的 Layout 预览图如图 2-15 所示。其中 app:layout_constraintHorizontal_bias 用于设置偏移比例，默认为 0.5，即中间位置；图中设置为 0.6，即控件位于布局宽度 60%的位置。

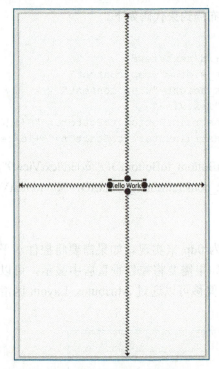

图 2-15　居中偏移布局图

3．链式约束

如果两个或两个以上控件通过图 2-16 所示的方式约束在一起，就可以认为它们是一条链（图 2-16 所示为横向的链，纵向链同理）。

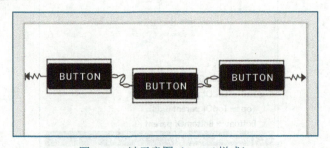

图 2-16　链示意图（spread 样式）

链式约束实操

如图 2-17 所示，在预览图中选择需要成链的控件，单击右键，选择 Chains→Create

Horizontal Chain，即可将几个被选中的控件构成一条水平链。若需要构成垂直链，则选择 Create Vertical Chain。

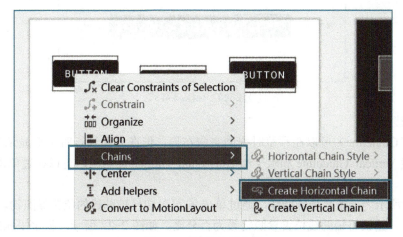

图 2-17　链约束操作图

链有三种样式，可以通过右键 Chains→Horizontal Chain Style 来设置，如图 2-18 所示，这三种样式分别是：

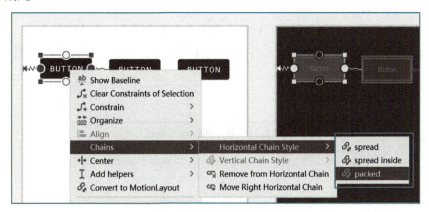

图 2-18　链样式操作图

- spread：展开元素（默认），如图 2-16 所示。
- spread inside：展开元素，但链的两端贴近 parent，如图 2-19 所示。

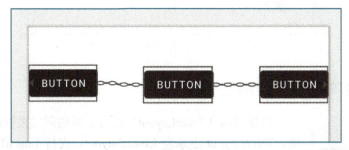

图 2-19　spread inside 样式

- packed：链的元素将被打包在一起，如图 2-20 所示。

可以通过右键选择 Chains→Horizontal Chain Style 来选择链的样式。

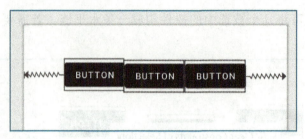

图 2-20　packed 样式

4. 辅助线

辅助线（Guideline）可以在预览时帮助完成布局，但在界面运行时不会显示在界面上。辅助线有垂直线 Vertical Guideline 和水平线 Horizontal Guideline 两种，可以通过单击 Design 视图的 ⊥ 来添加。

图 2-21 所示为一条水平辅助线，通过单击 ▲ 可以切换辅助线的位置参照物。为了提高 UI 界面的适配性，建议将辅助线位置参照物设为百分比。如图 2-22 所示，将水平线的位置设置在 22% 的位置处。

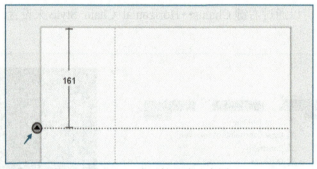

图 2-21　水平辅助线示意图

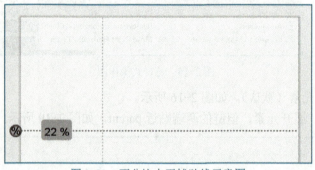

图 2-22　百分比水平辅助线示意图

2.3.4　表格布局的概念与属性

表格布局的概念与属性

表格布局（TableLayout）以行、列的形式来管理控件，类似于表格。TableLayout 继承自 LinearLayout。支持 LinearLayout 所支持的全部属性，默认为垂直方向的 LinearLayout。表格布局中也常使用 android:layout_weight 来设置控件所占空间，表格布局的常见属性及其作用见表 2-5。

表 2-5 表格布局的常见属性及其作用

属性名	作用
android:collapseColumns	设置需要被隐藏的列序号
android:shrinkColumns	设置允许被收缩的列序号
android:stretchColumns	设置允许被拉伸的列序号
android:layout_span	在子控件中，设置该单元格占据几列，默认为 1 列

表格布局实操

2.3.5 帧布局的概念与属性

帧布局的概念与属性

帧布局（FrameLayout）顾名思义就是将控件一层一层叠在一起，像视频的帧一样，一层叠一层，帧布局中 BUTTON 叠在 ImageView 之上。帧布局常见的属性及其作用见表 2-6。帧布局中的控件可以使用 android:layout_gravity 设置自身在整个帧布局中的位置。

帧布局实操

表 2-6 帧布局的常见属性及其作用

属性名	作用
android:foreground	设置帧布局的前景图片，配合 android:foregroundGravity 使用，前景图片是帧布局最上面显示的图片，在所有控件的上面，不会被覆盖
android:foregroundGravity	设置前景图片的显示位置，其值与 android:gravity 的值类似

2.4 技能实践

2.4.1 个性名片界面的设计

【任务目标】

使用约束布局、TextView 控件实现一个个性名片界面的设计，界面如图 2-23 所示。

图 2-23 个性名片界面图

【任务分析】

上述界面可以使用约束布局、线性布局、表格布局来实现，而使用约束布局实现较为灵活方便。可以采用约束布局中的辅助线，将界面分解为 10 个区域，再对每个区域中的 TextView 控件设置约束。

信息安全和隐私保护是每个人都应该关注的重要问题。应该加强自我帧布局的概念与属性保护意识，不要轻易上传个人信息，尤其是在陌生的平台或网站，此外，还应该注意分享信息时的安全问题。本项目开发的个性名片要注意保护个人隐私，不要轻易上传个人信息或将个人信息分享给陌生人。总之，保护自己的信息安全和隐私是一项长期而艰巨的任务。需要时刻保持警惕，并采取必要的措施。

个性名片界面的设计

【任务实施】

1. 新建工程项目 CallingCard

参考项目 1。

2. 修改页面布局文件 activity_main.xml

1）默认打开的 activity_main.xml，如图 2-24 所示。首先选中"Hello World!" TextView 控件，单击<Delete>键将其删掉。

2）将 Palette 区的 TextView 控件拖曳到设计预览区，连续拖曳 8 个 TextView 到该区域。

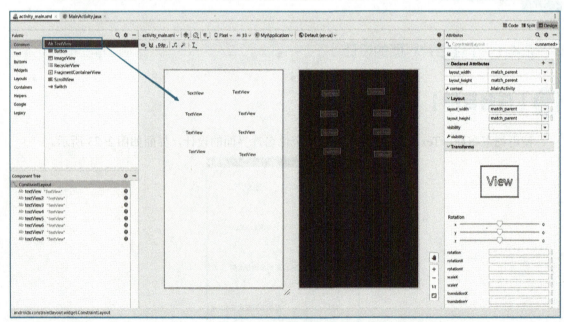

图 2-24 个性名片

3）选中一个 TextView 控件，单击右边栏的 Attributes，打开 Attributes 窗口，将被选中控件的 text 属性值修改为"姓名"，其他 TextView 控件依此类推。如图 2-25 所示。

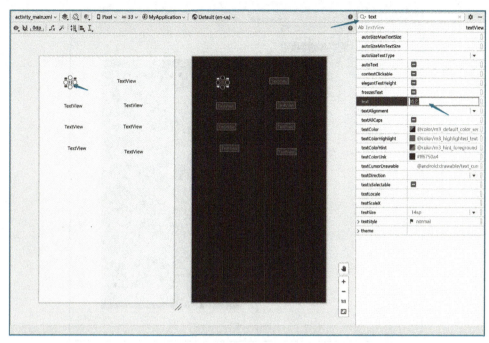

图 2-25 修改 text 属性

4）选中界面中所有的 TextView 控件，单击 Attributes 窗口的搜索框，搜索 text 属性，整体修改 TextView 控件的字体大小为 20sp，颜色为#673AB7，修改完后，界面如图 2-26 所示。

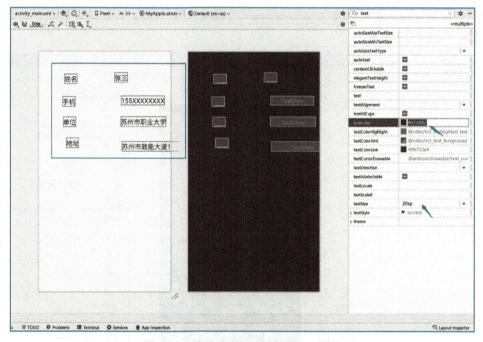

图 2-26 修改 textSize 和 textColor 属性

5）添加 4 根横向辅助线，1 根纵向辅助线。横向辅助线位置分别在界面垂直方向的 15%、30%、45%、60%处，纵向辅助线在界面水平方向的 35%处，将整个界面分成 10 个区域，如图 2-27 所示。

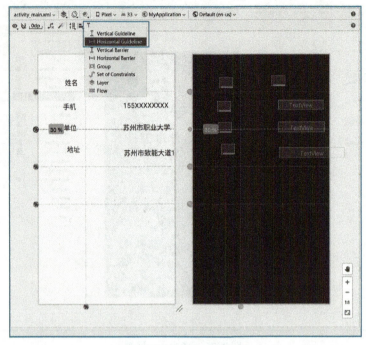

图 2-27　添加水平辅助线

6）添加 TextView 控件的位置约束，将其分布在界面上方的八个区域中心。首先确定姓名 TextView 控件的位置，如图 2-28 所示。其他 TextView 控件的位置可以使用相同的方法确定约束，也可以使用对齐工具 中的 Horizontal Centers 来确定位置。所有 TextView 控件的位置约束添加完成后，如图 2-29 所示。

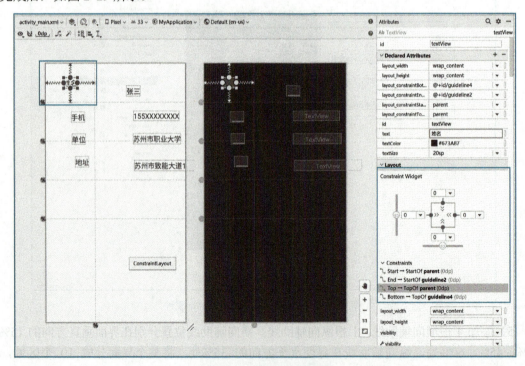

图 2-28　添加控件约束

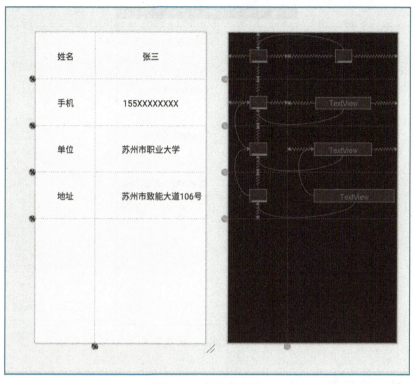

图 2-29 约束完成图

7）运行此 App，如无错误则完成此项目。如有错误，可以查看所有控件位置是否完全确定，如果不完全确定，Component Tree 区会出现错误提示，如图 2-30 所示。

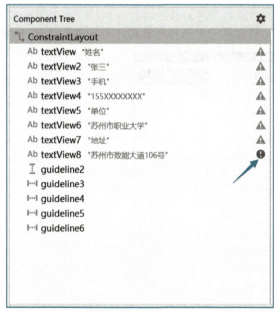

代码 2.4.1
activity_main.
xml

图 2-30 约束布局错误提示

编译运行应用，效果如图 2-31 所示。

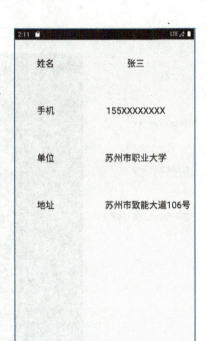

图 2-31　个性名片运行效果图

2.4.2　选择题界面的设计

【任务目标】

使用 TextView、Button、CheckBox 等实现一个选择题界面，界面如图 2-32 所示。

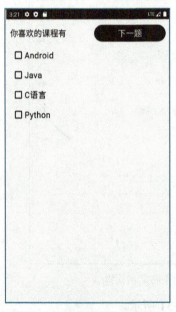

图 2-32　选择题界面效果图

【任务分析】

上述界面可以分解为上下两部分，上面部分可以使用横向的线性布局来完成，下面部分可以使用纵向的线性布局来完成，如图 2-33 所示。

图 2-33 选择题界面分解

选择题界面的设计

【任务实施】

1. 新建工程

新建一个名为 Quiz 的应用程序，选择 Empty Views Activity，指定包名为 cn.edu.jssvc.quiz。

2. 定义字符串

打开 res/values/string.xml，定义本工程界面上需要用到的字符串，如图 2-34 所示。代码如下。

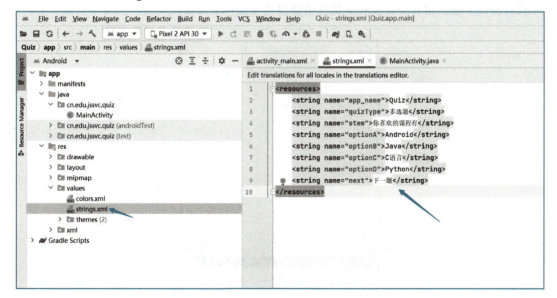

图 2-34　res/values/string.xml

```xml
<resources>
    <string name="app_name">Quiz</string>
    <string name="quizType">多选题</string>
    <string name="stem">你喜欢的课程有</string>
    <string name="optionA">Android</string>
    <string name="optionB">Java</string>
    <string name="optionC">C 语言</string>
    <string name="optionD">Python</string>
    <string name="next">下一题</string>
</resources>
```

3．设计界面

1）使用线性布局设计界面。打开 activity_mail.xml，切换为 Code 视图，将 Code 中的约束布局（ConstraintLayout）改为线性布局（LinearLayout）。添加线性布局的 orientation 属性，将其值设为 vertical，并将其中的控件删除，修改完成后如图 2-35 所示。

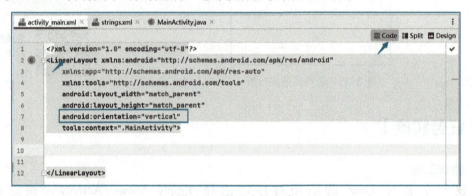

图 2-35　修改布局方式

2）切换回 Design 视图，将 Palette 区的一个 LinearLayout（horizontal）和一个 LinearLayout（vertical）用鼠标拖曳到 Component Tree 区，注意层次关系，如图 2-36 所示。将上述两个 LinearLayout 的 android:layout_height 属性值修改为 wrap_content。

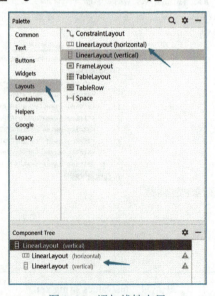

图 2-36　添加线性布局

3）将 TextView、Button 控件拖曳到 LinearLayout（horizontal）中，将四个 CheckBox 拖曳到 LinearLayout（vertical）中，拖动的时候注意 Component 的层次结构，完成后界面如图 2-37 所示。

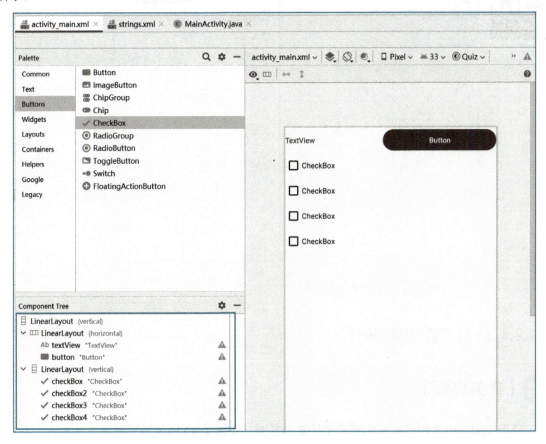

图 2-37　界面完成预览图

4）修改上述 TextView、Button、CheckBox 控件的 text 属性值，将其指向 string.xml 中的值。例如，将 TextView 控件的值设为@string/stem，则该 TextView 即显示 string.xml 中 stem 的值，即"你喜欢的课程有"，如图 2-38 所示。

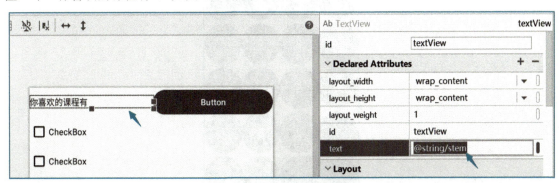

图 2-38　设置 text 属性

5）美化界面。调整各控件的 textSize 为 20sp，调整父线性布局的 padding 为 10dp，

LinearLayout(vertical)的 padding 为 5dp，调整完后运行应用，运行效果如图 2-39 所示。

代码 2.4.2 activity_main.xml

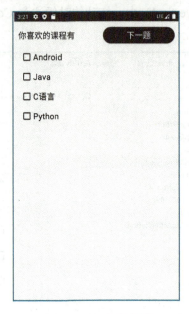

图 2-39　运行效果图

2.4.3　计算器界面的设计

【任务目标】

使用 TextView、Button 等实现一个计算器界面，如图 2-40 所示。

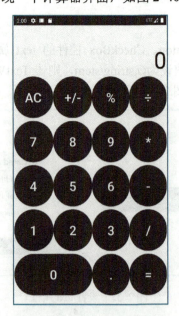

图 2-40　计算器界面效果图

【任务分析】

界面整体使用表格布局。第一行使用一个 TextView 控件，横跨 4 列，中间 4 行 4 列，最后一行第 1 个控件横跨 2 列。

【任务实施】

1）新建工程。选择 Empty Views Activity，指定工程名为 Calculator，包名为 cn.edu.jssvc.Calculator。

2）使用线性布局设计界面。打开 activity_mail.xml，切换为 Code 视图，将 Code 中的约束布局（ConstraintLayout）改为表格布局（TableLayout），并将其中的控件删除，设置该 TableLayout 的属性 android:stretchColumns="0,1,2,3"。

3）将 Palette 区的 TableRow 拖曳到 Component Tree，并设置 TableRow 的属性 android:layout_weight="1"，使这 5 行平分整个屏幕，如图 2-41、图 2-42 所示。

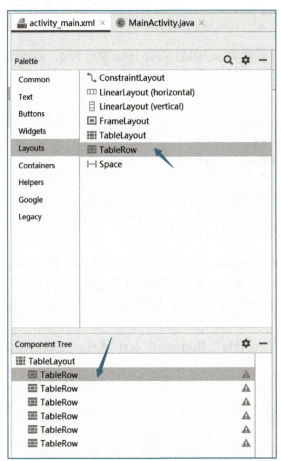

计算器界面的设计

图 2-41　TableRow 设置

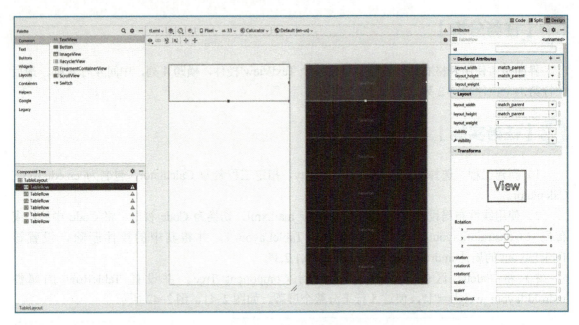

图 2-42　TableRow 属性设置

4）将 TextView 控件拖入第 1 行，设置其 android:layout_span 属性为 4，即跨越 4 列。代码如下。

```
<TextView
    android:id="@+id/textView"
    android:layout_width="match_parent"
    android:layout_height="match_parent"
    android:layout_span="4"
    android:gravity="end|bottom"
    android:text="0"
    android:textSize="60sp" />
```

5）将 4 个 Button 拖入第 2 行，Button 的宽度、高度属性均设置为 match_parent，android:textSize 设置为"34sp"，第 3 行、第 4 行、第 5 行同样也是这样处理，第 6 行只需拖入 3 个 Button，但第 1 个 Button 需要占据 2 列，设置其 android:layout_span="2"。

代码 2.4.3
activity_main.xml

6）最后依次修改 Button 的 text 属性，完成后界面如图 2-40 所示。

2.4.4　智能遥控器界面的设计

【任务目标】

使用 TextView、Button、ImageView 等控件实现一个智能遥控器界面，如图 2-43 所示。

项目 2　个性名片——界面布局

图 2-43　智能遥控器界面效果图

【任务分析】

本任务需要实现的界面较为复杂，需要使用布局嵌套实现。总体上看，界面整体使用线性布局，分为四大部分。第一部分为标题栏，第二部分为控制设备栏，第三部分为"添加"按钮，第四部分为翻页按钮。其中，第二部分和第四部分的格子布局可以使用线性布局。整体的 Component Tree 如图 2-44b 所示，LinearLayout 嵌套 TableLayout，TableLayout 里的 TableRow 嵌套 LinearLayout。

a)　　　　　　　　　　　　b)

图 2-44　智能遥控器界面分解及 Component Tree

智能遥控器界面的设计

1）新建工程。选择 Empty Views Activity，指定工程名为 RemoteControl，包名为 cn.edu.jssvc.RemoteControl。

2）生成所需图片资源。本项目需要使用五张图片，使用 Android Studio 自带的开源矢量图库即可。如图 2-45 所示，选中 res/drawable 目录，右键单击 New→Vector Asset，弹出 Asset Studio 窗口。其中 Clip art 用于设置图片样式，Size 用于设置图片大小，Color 用于设置图片颜色，如图 2-46 所示。设置完成后，单击 Next 进入图标路径配置窗口（图 2-47），使用默认配置。单击 Finish 即可生成配置好的矢量图。

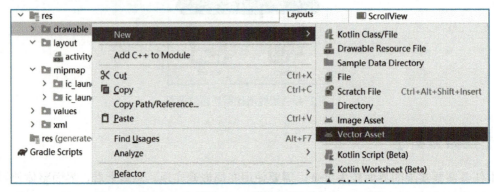

图 2-45　新建矢量图

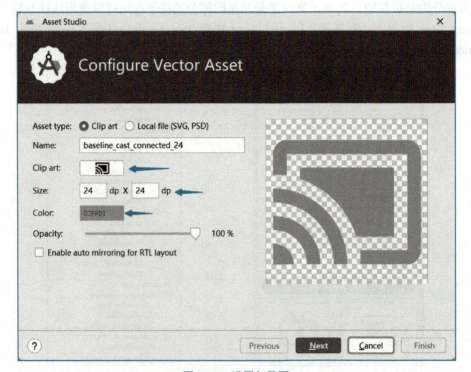

图 2-46　设置矢量图

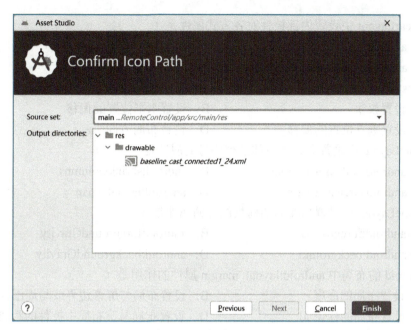

图 2-47　图标路径配置

3）使用线性布局设计界面。打开 activity_mail.xml，切换为 Code 视图。将 Code 中的约束布局（ConstraintLayout）改为线性布局（LinearLayout）；添加线性布局的 orientation 属性，将其值设为 vertical；添加线性布局的 background 属性，并将其值设为#F2F3F5，将其中的 TextView 控件删除。

4）切换到 Design 视图，将 LinearLayout、TableLayout、Button、ImageView、TextView 等拖曳到 Component Tree，Component Tree 层次结构如图 2-44b 所示。将 ImageView 拖曳到 Component Tree 时注意设置对应的图标。

5）调整子布局及控件的宽度、高度、边距、背景、文字内容、文字大小等属性。

6）运行 App，效果如图 2-43 所示。

代码 2.4.4 activity_main.xml

2.5 理论测试

1. **单选题**

（1）下列不是 Android 布局的是（　　）。
　　A．线性布局　　　B．约束布局　　　C．表格布局　　　D．链式布局

（2）LinearLayout 中设置布局方向的属性是（　　）。
　　A．android:orientation　　　B．android:gravity
　　C．android:layout_gravity　　D．android:layout_weight

（3）LinearLayout 中设置控件权重的属性是（　　）。
　　A．android:orientation　　　B．android:gravity
　　C．android:layout_gravity　　D．android:layout_weight

（4）LinearLayout 中设置内部控件对齐方式属性是（　　）。
　　A．android:orientation　　　　　B．android:gravity
　　C．android:layout_gravity　　　　D．android:layout_weight
（5）ConstraintLayout 中 app:layout_constraintHorizontal_bias 属性的作用是（　　）。
　　A．设置权重　　　　　　　　　　B．设置水平位置的偏移
　　C．设置垂直位置的偏移　　　　　D．设置布局方向
（6）TableLayout 中设置允许被拉伸的列序号的属性是（　　）。
　　A．android:collapseColumns　　　B．android:shrinkColumns
　　C．android:stretchColumns　　　　D．android:layout_span
（7）FrameLayout 中设置帧布局的前景图片的属性是（　　）。
　　A．android:foreground　　　　　B．android:foregroundGravity
　　C．android:background　　　　　D．android:backgroundGravity
（8）Android 的布局中 android:layout_margin 属性的作用是（　　）。
　　A．设置布局的高度　　　　　　　B．设置布局与屏幕边界或与周围控件的距离
　　C．设置布局的标识 id　　　　　　D．设置布局与该布局中控件的距离

2．多选题
（1）Android 布局方式有（　　）。
　　A．线性布局　　B．约束布局　　C．表格布局　　D．帧布局
（2）ConstraintLayout 中链式约束的样式有（　　）。
　　A．spread　　　B．packed　　　C．package　　D．spread inside

2.6　项目演练

1．登录界面的设计

使用 TextView、EditText、CheckBox、Button 控件设计如图 2-48 所示的登录界面。

图 2-48　登录界面

2. 蓝牙小车控制界面

使用 TextView、Button 或 ImageView 控件设计如图 2-49 所示的蓝牙小车控制界面。

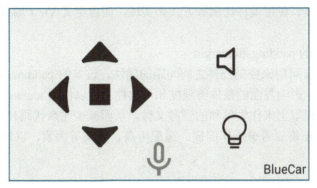

图 2-49 蓝牙小车控制界面

2.7 项目小结

　　Android 的布局是界面设计的重要组成部分，是界面呈现的关键环节，是 Android 应用开发的基础。本项目主要学习了 Android 布局中的线性布局、约束布局、表格布局、帧布局，介绍了它们的常见属性和用法，并通过技能实践进行了练习和巩固，掌握上述布局方式的使用基本可以满足大部分界面开发的要求。

2.8 项目拓展

Android 的布局方式的选择与优化

　　Android 系统的布局方式多种多样，同一界面往往有不同的布局方式，不同的布局方式适用于不同的场景和需求。布局方式的选择和使用不仅直接影响到应用的用户体验，还决定了应用的整体风格和性能。在设计界面时，通常需要根据实际需求来选择适合的布局方式。为了能够更好地进行布局设计，以下是一些建议和原则，仅供参考：

● 减少布局嵌套层数

　　布局嵌套层数过多可能会导致界面复杂度增加，影响性能和用户体验。因此，在设计布局时应该尽量减少布局嵌套层数，避免过度嵌套。可以通过合理地使用容器控件和布局组合来简化布局。

● 使用 ConstraintLayout 代替传统的 RelativeLayout

　　ConstraintLayout 是一种灵活且强大的布局管理器，它可以简化布局设计过程并提高界面的响应性。相比于传统的 RelativeLayout，ConstraintLayout 提供了更多的约束条件，可以更精确地控制子控件的位置和大小，从而减少布局嵌套和冲突的可能性。

● 避免使用过多的静态布局

　　静态布局是指使用固定的宽度和高度以及其他属性值进行布局的方式。过多的静态布局会增加代码的复杂性和维护难度。可以考虑使用动态布局或者自定义 View 来实现更加灵活和可复用的布局结构。动态布局可以根据实际需求动态改变控件的大小、位置等属性，动态布局可以通过添加百分比辅助线、使用偏移比例等方式来实现，而自定义 View 则可以更好地实现特定的布局需求。

- 避免使用过多的 padding 和 margin

padding 和 margin 可用来控制控件之间间距的属性。过多的 padding 和 margin 会导致界面元素之间的间隔过大，影响界面的整体美观度和可读性。可以使用 include 和 merge 标签来简化布局，将公共的部分提取出来作为单独的资源文件，从而减少冗余代码和提升开发效率。

此外，布局设计还需要考虑操作简便、适配度高、美观等因素，以增强应用的市场竞争力和用户满意度。

项目 3　信息注册——界面控件

3.1　项目场景

项目 2 介绍了如何将用户界面布置得美观易用，界面上可以放置哪些控件，界面上的控件有哪些功能，如何使用这些控件呢？智能硬件 App 往往需要注册用户、登录、绑定设备才能使用，不同的设备有不同的信息。本项目将解答这些疑问，完成这些功能。本书将从本项目开始逐步进入 Java 的程序设计阶段。"天下大事，必作于细"，在这个过程中，需要养成良好的编程习惯，遵循严格的代码规范，只有这样将来才能成为一名出类拔萃的 Android 开发人员。

界面控件应用示例如图 3-1 所示。

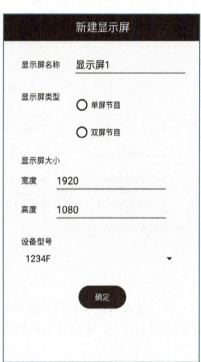

图 3-1　界面控件应用示例

3.2　学习目标

掌握 TextView、EditText、Button、CheckBox、RadioButton、ImageView、RecyclerView 等常见控件的使用，能够使用常见控件完成简单界面的设计，形成良好的代码规范习惯。

3.3 知识学习

3.3.1 界面控件概述

界面控件

控件是 Android 界面的重要组成单元，Android 应用主要通过控件与用户交互，Android 提供了非常丰富的界面控件。"九层之台,起于累土"——App 是由各种控件组成的，熟练掌握控件的使用是进行 Android 开发的重要基础，本项目将介绍 Android 中简单控件的使用。

Android SDK 自带的控件包括文本控件（Text）、按钮控件（Buttons）、微型控件（Widgets）、容器控件（Containers）四大类，如图 3-2 所示。本项目将要介绍其中 TextView、EditText、Button、CheckBox、RadioButton、ImageView、Divider、Spinner、RecyclerView 等的使用。合理地使用这些控件就可以轻松地编写出不错的界面，完成强大的功能。

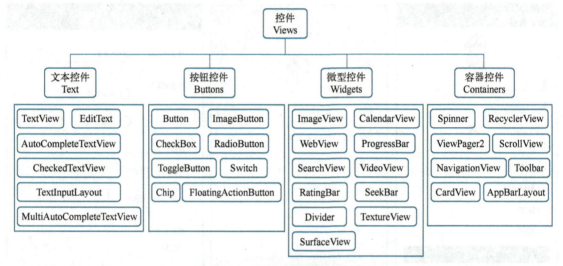

图 3-2　Android SDK 自带控件概览

为了让控件能响应用户的手指触摸、手势、键盘等动作，Android 提供了事件响应机制保证图形界面应用，可响应用户的交互操作。

3.3.2 文本控件的属性与用法

文本控件包括 TextView、EditText、AutoCompleteTextView、CheckedTextView、MultiAutoCompleteTextView、TextInputLayout 等，其中 TextView、EditText 是最基本、最重要的文本控件，是必须掌握的文本控件。

1. TextView

TextView 控件用于显示文本信息。新建工程中默认生成的"Hello World!"就是一个 TextView。如图 3-3 所示，"手机号""昵称"等都是 TextView 控件。

项目3 信息注册——界面控件

图 3-3　TextView 示意图

新建工程后，在默认打开的 activity_main.xml 文件的 Design 页面中选中 TextView，即可在右侧的 Attributes 窗口看到 TextView 的属性，如图 3-4 所示。单击如图 3-5 所示 Code 按钮，即可看到 activity_main.xml 文件的代码，图 3-5 框中代码即是 TextView 已声明的属性，与图 3-4 中的 Declared Attributes 一一对应。

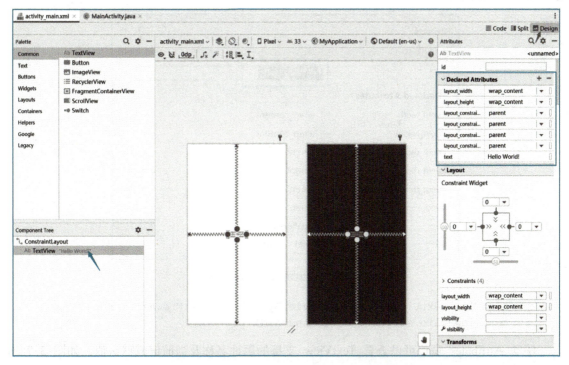

图 3-4　activity_main.xml 文件的 Design 页面

图 3-5　activity_main.xml 文件的 Code 页面

开发者可以修改 Design 页面 Attributes 窗口中属性的值来改变 TextView 的静态显示，也可以直接修改 Code 页面的代码来改变 TextView 的静态显示。若需要动态修改 TextView 的属性则需要在 Java 代码中通过调用属性对应的方法来修改。在 Java 代码中操作 TextView 需要先通过 id 找到该控件，使用 findViewById()方法。

例如，通过 Java 程序将 TextView 显示的文本修改为"Hello Android!"。首先在 Attributes 窗口或 XML 代码中将该 TextView 的 id 设置为 textViewHello，如图 3-6 所示。然后在程序里使用 findViewById()方法找到该 id，最后使用 text 属性对应的 Setter 方法——setText()设置需要显示的文本，代码如下。

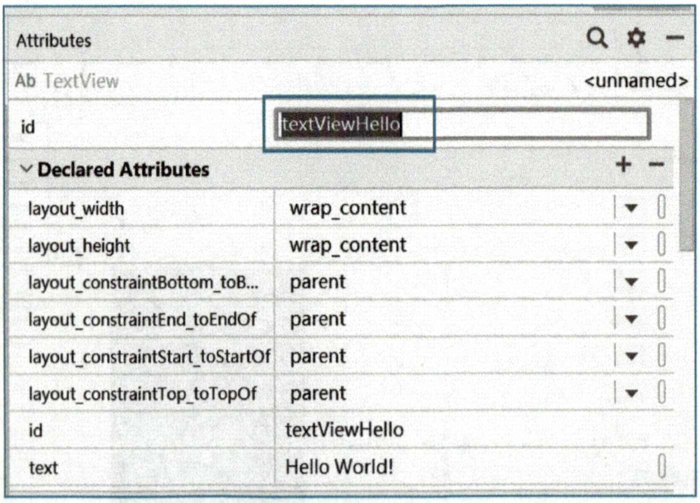

图 3-6　Attributes 窗口设置 id

```
TextView textViewHello = findViewById(R.id.textViewHello);
textViewHello.setText("Hello Android!");
```

滚动 Attributes 窗口可以查看 TextView 支持的属性名称及当前值或默认值。如图 3-7 所示，当前 TextView 的 Text 当前值为"Hello World!"，textAppearance 默认值为"@android:style/TextAppearance.Material.Small"。

项目 3　信息注册——界面控件

图 3-7　Attributes 当前值和默认值

常用的 TextView 属性及其对应的作用和方法名见表 3-1，这些属性都可以在 Attributes 窗口或 XML 代码中进行设置。

表 3-1　TextView 的常用属性、作用和方法名

属性名	作用	方法名
android:id	设置 TextView 控件的唯一标识	void setId(int id)
android:background	设置 TextView 控件的背景	void setBackground(Drawable background)
android:text	设置文本内容	void setText(CharSequence text)
android:textColor	设置文字显示的颜色	void setTextColor(int color)
android:textSize	设置文字大小，推荐单位为 sp	void setTextSize(float size)
android:textStyle	设置文本样式，如 bold（粗体）、italic（斜体）、normal（正常）	void setTypeface(@Nullable Typeface tf)

2．EditText

EditText 是编辑框控件，可以接收用户输入，并在程序中对用户输入进行处理。EditText 在 App 里随处可见，在进行搜索、聊天、拨号等需要输入信息的场合，都可以使用 EditText。如图 3-8 所示。

EditText 是 TextView 的子类，继承了 TextView 的 XML 属性和方法。除了支持 TextView 控件的属性外，EditText 还支持一些其他的常用属性，具体见表 3-2。

图 3-8　EditText 示意图

表 3-2　EditText 的常用属性

属性名	作用	方法名
android:inputType	设置 EditText 控件输入类型	void setInputType(int type)
android:maxLength	设置 EditText 允许输入的最大文本长度	无
android:maxLines	设置 EditText 的最大行数	void setMaxLines(int maxLines)
android:hint	设置提示性文本的内容	void setHint(CharSequence hint)
android:textColorHint	设置提示性文本的颜色	void setHintTextColor(int color)

　　EditText 与 TextView 的最大差异就是 EditText 支持输入，可以通过 inputType 属性指定其能接受的输入类型。EditText 组件最重要的属性是 inputType，用于将 EditText 设置为指定类型的输入组件。inputType 能接受的属性值非常丰富，部分属性值见表 3-3。若需要同时使用多种文本类型，则可使用竖线"|"把多种文本类型拼接起来。例如，android:inputType="number|textPersonName"，表示该 EditText 既可以输入数字又可以输入用户名文本。

表 3-3　输入类型取值说明

输入类型	说明
text	文本
number	整型数字
textPassword	文本密码，输入后变 "*"
numberPassword	数字密码，输入后变 "*"
phone	电话号码
date	日期，除了数字外，还允许输入 "-" "/"

　　EditText 另一个比较重要的属性是 android:hint。android:hint 属性用于设置提示性的文本，一旦用户输入了任何内容，这些提示性的文字就会消失。

　　EditText 往往使用 getText()方法来获取用户输入的内容，代码如下。

```
String inputText = editText.getText().toString().trim();
```

getText()方法获取的输入内容是 Editable 类型的,还需要调用 toString()方法和 trim()方法转换成字符串,并移除字符串两侧的空白字符或其他预定义字符,方便后续程序的使用。

3.3.3 按钮控件的属性与用法

按钮控件包括 Button、ImageButton、CheckBox、RadioButton、ToggleButton、Switch、FloatingActionButton、Chip 等。

1. Button

Button 是程序和用户进行交互的一个重要控件。Button 也是继承自 TextView,既可以显示文本,又可以显示图片,二者在 UI 上的区别主要是 Button 控件有个按钮外观,提示用户单击。如图 3-9 所示。

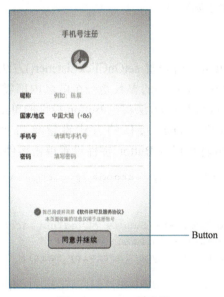

图 3-9 Button 示意图

Button 最主要的功能是通过单击来执行指定的操作。当用户单击 Button 按钮后,Button 会触发一个 onClick 事件。Android 主要有以下三种监听并处理 Button 单击事件的方式。

1)在布局文件中指定 onClick 属性的方式设置单击事件。可以在布局文件中指定 onClick 属性的值来设置 Button 控件的单击事件,示例代码如下。

```
<Button
    android:id="@+id/button"
    android:layout_width="wrap_content"
    android:layout_height="wrap_content"
    android:layout_marginStart="92dp"
    android:layout_marginTop="95dp"
    android:text="Button"
    android:onClick="click"
    app:layout_constraintStart_toStartOf="parent"
    app:layout_constraintTop_toTopOf="parent" />
```

上述代码中,Button 控件指定了 onClick 属性值为 click,则在 Activity 中定义实现单击事件的方法名必须定义为 click,与 onClick 属性的值(click)保持一致,代码如下。

```
public void click(View view) {
    //此处添加单击事件响应
}
```

2)使用匿名内部类的方式设置单击事件。在 Activity 中,可以使用匿名内部类的方式为 Button 设置单击事件,代码如下。

```
Button button = findViewById(R.id.button);
button.setOnClickListener(new View.OnClickListener() {
    @Override
    public void onClick(View view) {
        //此处添加单击事件响应
    }
});
```

上述代码中,通过为 Button 控件设置 setOnClickListener()方法实现对 Button 控件单击事件的监听。setOnClickListener()方法中传递的参数是一个匿名内部类。如果监听到按钮被单击,那么程序会调用匿名内部类中的 onClick()方法实现 Button 控件的单击事件。

3)Activity 实现 OnClickListener 接口的方式设置单击事件。将当前 Activity 实现 View.OnClickListener 接口,同样可以为 Button 控件设置单击事件,示例代码如下。

```
public class MainActivity extends AppCompatActivity implements View.OnClickListener {
    @Override
    protected void onCreate(Bundle savedInstanceState) {
        super.onCreate(savedInstanceState);
        setContentView(R.layout.activity_main);

        Button button = findViewById(R.id.button);

        button.setOnClickListener(this);
    }

    @Override
    public void onClick(View view) {
        //此处添加单击事件响应
    }
}
```

上述代码中,MainActivity 通过实现 View.OnClickListener 接口中的 onClick()方法来设置单击事件。需要注意的是,必须调用 Button 控件的 setOnClickListener()方法设置单击监听事件,否则,Button 控件的单击事件 onClick()方法不会生效。

实现 Button 控件单击事件的三种方式中,前两种方式适合界面上 Button 控件较少的情况;界面上 Button 控件较多时,建议使用第三种方式实现控件的单击事件。

2. ImageButton

ImageButton 是显示图片的图像按钮,它继承自 ImageView,而非 Button。其常用属性见表 3-4。

表 3-4　ImageButton 的常用属性

属性名	作用	方法名
android:background	设置 ImageButton 的背景	void setBackground(Drawable background)
android:src 或 app:srcCompat	设置 ImageButton 的前景	void setImageResource(int resId)

ImageButton 和 Button 的区别：
- ImageButton 只能显示图片不能显示文本，Button 既可显示文本也可显示图片。
- ImageButton 上的图像可按比例缩放，而 Button 通过背景设置的图像会拉伸变形。
- Button 只能靠背景显示一张图片，而 ImageButton 可分别在前景和背景显示图片，从而实现两张图片叠加的效果。

如图 3-10 所示，第 14 行代码设置了 ImageButton 的背景，第 15 行代码设置了 ImageButton 的前景，两张图片叠加效果如图 3-10b 所示。

a) 代码　　　　　　　　　　　　　　b) 效果

图 3-10　ImageButton 背景前景叠加效果图

3. CheckBox

CheckBox 表示复选框（图 3-11），它是 Button 的子类，用于实现多选功能。每个复选框都有"选中"和"未选中"两种状态，这两种状态是通过 android:checked 属性指定的。当该属性的值为 true 时，表示选中状态，否则，表示未选中状态，默认为未选中。Java 程序中可以使用 setChecked(boolean checked)方法改变 CheckBox 的状态。

图 3-11　CheckBox 效果图

CheckBox 通过设置选择状态变化的监听器,可监听 CheckBox 选择状态的变化。示例代码如下。

```
CheckBox checkBox = findViewById(R.id.checkBox);

checkBox.setOnCheckedChangeListener(new CompoundButton.OnCheckedChangeListener(){
    @Override
    public void onCheckedChanged(CompoundButton compoundButton, boolean isChecked) {
        //此处添加勾选状态变化后的事件响应
    }
});
```

4. RadioButton

RadioButton 表示单选按钮(图 3-12),它是 Button 的子类。每一个单选按钮都有"选中"和"未选中"两种状态,这两种状态是通过 android:checked 属性指定的。当可选值为 true 时,表示选中状态,否则,表示未选中状态。RadioButton 与 CheckBox 的不同之处在于,一组 RadioButton 只能选中其中一个,因此 RadioButton 通常要与 RadioGroup 一起使用,用于定义一组单选钮。RadioGroup 是单选组合框,可容纳多个 RadioButton,但是在 RadioGroup 中不会出现多个 RadioButton 同时选中的情况。

图 3-12　RadioButton 效果图

在 XML 布局文件中,RadioGroup 和 RadioButton 配合使用的语法格式如下。

```
<RadioGroup
    android:id="@+id/radioGroup"
    android:layout_width="wrap_content"
    android:layout_height="wrap_content"
    android:orientation="vertical"
    app:layout_constraintStart_toStartOf="parent"
```

```xml
            app:layout_constraintTop_toTopOf="parent">

        <RadioButton
            android:id="@+id/radioButton"
            android:layout_width="match_parent"
            android:layout_height="wrap_content"
            android:text="男" />

        <RadioButton
            android:id="@+id/radioButton2"
            android:layout_width="match_parent"
            android:layout_height="wrap_content"
            android:text="女" />
</RadioGroup>
```

RadioGroup 实质上是个布局，继承自 LinearLayout，可以使用 android:orientation 属性控制 RadioButton 的排列方向。该属性为 horizontal 时，单选按钮在水平方向排列，该属性为 vertical 时，单选按钮在垂直方向排列。该属性默认值为 vertical。

RadioButton 的选中事件一般不由 RadioButton 处理，而是由 RadioGroup 响应。RadioGroup 通过设置选中状态变化的监听器，可以监听 RadioGroup 选中状态的变化。需要注意的是 RadioGroup 的 OnCheckedChangeListener 与 CheckBox 的 OnCheckedChangeListener 不是同一个。RadioGroup 选中事件在实现时，可以使用一个匿名内部类实现接口 RadioGroup.OnCheckedChangeListener，然后调用 RadioGroup 对象的 setOnCheckedChangeListener 方法注册该监听器，示例代码如下：

```java
RadioGroup radioGroup = findViewById(R.id.radioGroup);

radioGroup.setOnCheckedChangeListener(new RadioGroup.OnCheckedChangeListener(){
    @Override
    public void onCheckedChanged(RadioGroup radioGroup, int checkedId) {
        //此处添加选中状态变化后的事件响应
    }
});
```

3.3.4 微型控件的属性与用法

微型控件有 ImageView、WebView、VideoView、CalendarView、ProgressBar、SeekBar、RatingBar、SearchView、TextureView、SurfaceView、Divider 等。

1. ImageView

ImageView 是图像显示控件（图 3-13），ImagView 的常用属性见表 3-5。scaleType 用于设置图形的拉伸类型，默认是 fitCenter。src:指定图形来源，src 图形按照 scaleType 拉伸。注意背景图会根据 ImageView 控件的长宽进行拉伸，而不受 scaleType 属性的影响。

图 3-13　ImageView 效果图

表 3-5　ImageView 的常用属性

属性名	作用	方法名
android:background	设置 ImageView 的背景	void setBackground(Drawable background)
android:src 或 app:srcCompat	设置 ImageView 的前景	void setImageResource(int resId)
android:scaleType	设置图形的拉伸类型，默认是 fitCenter	void setScaleType(ScaleType scaleType)

2．Divider

Divider 是分割线，其实就是带有背景的 View，用来在界面上充当分割线或填充物。默认的横向 Divider 代码如下。背景是灰色的，高度为 1dp。Divider 也可以根据需要修改其宽度、高度、背景。Android 中还有个与 Divider 类似的控件 Space，也可以用来充当填充物。

```
<View
    android:id="@+id/divider"
    android:layout_width="409dp"
    android:layout_height="1dp"
    android:background="?android:attr/listDivider"
    tools:layout_editor_absoluteX="1dp"
    tools:layout_editor_absoluteY="266dp" />
```

3.3.5　列表控件的属性与用法

列表控件有 Spinner、ListView、RecyclerView、ViewPager 等。列表控件的显示一般涉及三个部分：控件、适配器、数据，这三者之间的关系如图 3-14 所示。适配器是数据与列表之间的桥梁，适配器中需要将数据中显示的属性与列表控件 Item 中的控件一一对应。如图 3-15 所示，左边是数据 Person 对象构成的 List，每个 Person 对象都有姓名、手机号码、头像，需要显示到右边列表控件 RecyclerView 的每个 Item 的 TextView、ImageView 等控件上，完成这项适配工作的就是适配器 Adapter。

项目3　信息注册——界面控件

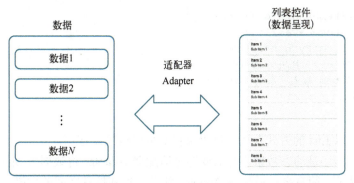

图 3-14　数据、适配器、列表控件之间的关系

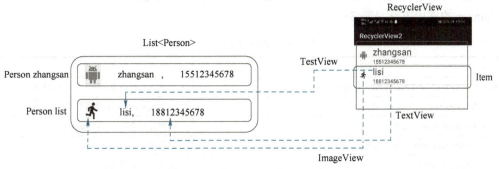

图 3-15　适配器适配数据示意图

1．Spinner

Spinner 是下拉列表，如图 3-16 所示，通常用于为用户提供选择输入。Spinner 有一个重要的属性：spinnerMode，它有两种情况：

- 属性值为 dropdown 时，表示 Spinner 的数据下拉展示，如图 3-16a 所示。
- 属性值为 dialog 时，表示 Spinner 的数据为弹窗展示，如图 3-16b 所示。

spinnerMode 的默认值为 dropdown，即下拉展示。

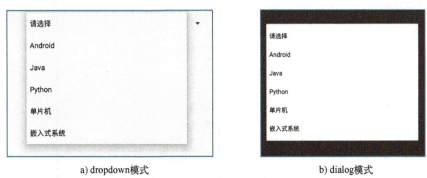

a) dropdown模式　　　　　　　　　　b) dialog模式

图 3-16　Spinner 效果图

Spinner 展示的数据可以分为静态数据和动态数据两种。静态数据可以以 <string-array> 元素的形式存放在 string.xml，示例代码如下。

```
<resources>
    <string name="app_name">SpinnerTest</string>
    <string-array name="spinner_list">
        <item>请选择</item>
```

```
        <item>Android</item>
        <item>Java</item>
        <item>Python</item>
        <item>单片机</item>
        <item>嵌入式系统</item>
    </string-array>
</resources>
```

动态数据可以以 List 的方式存放，可以来自数据库或网络接口。

无论是静态数据还是动态数据，都需要通过适配器 Adapter 将数据与 Spinner 控件适配起来才可以在界面上显示。简言之，适配器 Adapter 就是数据和控件之间的桥梁。由于 Spinner 数据一般为字符串数组，因此一般使用 ArrayAdapter 作为 Spinner 的适配器。

Spinner 的常用方法见表 3-6。

表 3-6 Spinner 的常用方法

方法名	作用
void setDropDownViewResource(@LayoutRes int resource)	设置下拉列表中选项的显示效果布局
void setAdapter(SpinnerAdapter adapter)	设置 Spinner 的数据适配器
void setSelection(int position)	设置被选中 Item 的 position
void setOnItemSelectedListener(OnItemSelectedListener listener)	设置被选中后的监听事件
Object getSelectedItem()	获取被选中的 Item

2. ListView

ListView 是以列表的形式展示具体内容的控件，能够根据数据的长度自适应显示，如手机通信录、短信列表等都可以使用 ListView 实现。图 3-17 所示是两个 ListView，上半部分是数组形式的 ListView，下半部分是简单列表 ListView。

ListView

图 3-17 ListView 效果图

ListView 的主要适配器有 ArrayAdapter、SimpleAdapter、BaseAdapter。图 3-17 上半部分的

ListView 可以用 ArrayAdapter 来实现，下半部分则可使用 SimpleAdapter 实现。

ListView 的常用方法见表 3-7。

表 3-7　ListView 的常用方法

方法名	作用
void setAdapter(ListAdapter adapter)	设置 ListView 的数据适配器
void setSelection(int position)	设置被选中 Item 的 position
void setOnItemClickListener(@Nullable OnItemClickListener listener)	设置被 Item 单击后的监听事件
void setDivider(@Nullable Drawable divider)	设置 Item 分割线样式
void setDividerHeight(int height)	设置 Item 分割线高度

ListView 的使用一般分为以下几个步骤。

1）在 layout 中设计 ListView 的大小、id、分割线样式等。

2）设计 Item 的 layout。

3）设计 ListView 的 Adapter、Item 单击事件等。

3. RecyclerView

RecyclerView 是一种新型的列表控件，它的目标是为任何基于适配器的视图提供相似的渲染方式。RecyclerView 不仅可以实现和 ListView 同样的效果，还优化了 ListView 中的各种不足。

与 ListView 相比，RecyclerView 的优势为：

- 展示效果：RecyclerView 控件可以通过 LayoutManager 类实现横向或竖向的列表效果、瀑布流效果和 GridView 效果，而 ListView 控件只能实现竖直的列表效果。
- 适配器：RecyclerView 控件使用的是 RecyclerView.Adapter 适配器，该适配器强制使用 ViewHolder 类，使代码编写规范化，避免了初学者写的代码性能不佳。
- 复用效果：RecyclerView 控件复用 Item 对象的工作由该控件自己实现，而 ListView 控件复用 Item 对象的工作需要开发者实现。
- 动画效果：RecyclerView 控件可以通过 setItemAnimator()方法为 Item 添加动画效果，而 ListView 控件不可以通过该方法为 Item 添加动画效果。

RecyclerView 的常用方法见表 3-8。需要注意的是 RecyclerView 没有提供 setOnItemClickListener() 方法，RecyclerView 的 Item 单击事件往往在 Adapter 中实现，在 Adapter 中可以对整个 Item 或者 Item 的各个控件实现单击事件。

表 3-8　RecyclerView 的常用方法

方法名	作用
void setAdapter(Adapter adapter)	设置 RecyclerView 的数据适配器
void setLayoutManager(@Nullable LayoutManager layout)	设置 RecyclerView 的布局方法，包括 LinearLayoutManager（线性布局管理器）、GridLayoutManager（网格布局管理器）、StaggeredGridLayoutManager（瀑布流布局管理器）

RecyclerView 的使用步骤如下。

1）设计含 RecyclerView 控件的界面 layout。

2）设计 RecyclerView 控件 Item 的 layout。

3）设计 RecyclerView 控件需要显示的数据类。

4）设计 RecyclerView.Adapter，需要实现下面几个方法：

RecyclerView

- onCreateViewHolder()：主要用于创建 ViewHolder 实例，加载 Item 界面的布局文件。
- onBindViewHolder()：主要将获取的数据设置到对应的控件上。
- getItemCount()：获取列表条目的总数。

5）设计 RecyclerView 中的方法。
- setLayoutManager():设置 RecyclerView 的布局方式。
- setAdapter():设置 RecyclerView 的适配器。

6）设计 MainActivity。
- 初始化界面、数据。
- 设置 Adapter。

3.3.6 对话框的属性与用法

1．Toast

Toast 是 Android 常用的简单控件，主要用来进行简短的信息提示，如图 3-18 所示。

Toast 的基本用法很简单，不需要设置 layout，只需要在程序中调用即可。Toast 调用 makeText()方法设置需要显示的界面、显示的内容、显示的时间长短，调用 show()方法显示。使用 Toast 的示例代码如下。

```
Toast.makeText(MainActivity.this,"这是个Toast",Toast.LENGTH_SHORT).show();
```

2．AlertDialog 对话框

在 Android 中，AlertDialog（弹出对话框）用于显示一些重要信息或者需要与用户交互的内容。弹出对话框一般以小窗口的形式展示在界面上，如图 3-19 所示。弹出对话框一般可以分为三个部分：标题区、内容区、按钮区，其中内容区可以有多种样式，可以是普通的文本、单选框、多选框、输入框、自定义布局等。

图 3-18　Toast 效果图　　　　图 3-19　AlertDialog 示意图

一般情况下，创建 AlertDialog 对话框的步骤大致分为以下几步。

1）创建 AlertDialog.Builder 的对象。

2）设置 AlertDialog 对话框的标题名称和图标。

3）设置对话框内容，调用 AlertDialog.Builder 的 setMessage()、setView()、setSingleChoiceItems()、setMultiChoiceItems()方法，设置 AlertDialog 对话框的内容为简单文本、自定义、单选列表或多选列表。

4）调用 AlertDialog.Builder 的 setPositiveButton() 和 setNegativeButton()方法，设置 AlertDialog 对话框的"确定"和"取消"按钮。

5）调用 AlertDialog.Builder 的 create()方法，创建 AlertDialog 对象。

6）调用 AlertDialog 对象的 show()方法，显示该对话框。

创建普通对话框的示例代码如下。

```
    AlertDialog.Builder builder = new AlertDialog.Builder(MainActivity.this);
    builder.setIcon(R.mipmap.ic_launcher);
    builder.setTitle("普通对话框");
    builder.setMessage("这是内容");
    builder.setPositiveButton("确定", new DialogInterface.OnClickListener() {
        @Override
        public void onClick(DialogInterface dialog, int which) {
            Toast.makeText(MainActivity.this,"确定被单击了",Toast.LENGTH_SHORT).show();
        }
    });
    builder.setNegativeButton("取消", new DialogInterface.OnClickListener() {
        @Override
        public void onClick(DialogInterface dialog, int which) {
            dialog.dismiss();
        }
    });
    AlertDialog alertDialog = builder.create();
    alertDialog.show();
```

创建其他 AlertDialog 的代码类似，区别在于普通对话框内容部分是设置消息 setMessage()，单选框是 setSingleChoiceItems()，多选框是 setMultiChoiceItems()，自定义框是 setView()。单选框需要在选项被选中时记录被选中的选项，并在"确定"按钮被单击时获取该选项值。单选框的关键示例代码如下。

```
    builder.setSingleChoiceItems(new String[]{"男", "女"}, singleCheckedItem,
new DialogInterface.OnClickListener() {
        @Override
        public void onClick(DialogInterface dialog, int which) {
            singleCheckedItem = which;
        }
    });
    builder.setPositiveButton("确定", new DialogInterface.OnClickListener() {
        @Override
        public void onClick(DialogInterface dialog, int which) {
            Toast.makeText(MainActivity.this,singleItemStr[singleCheckedItem]+"确定被
单击了",Toast.LENGTH_SHORT).show();
        }
    });
```

多选框与单选框类似，也需要在选项被选中时记录被选中的选项，并在单击"确定"按钮后获取被选中的选项值。不同的是由于多选框可以多个选项被选中，因此需要用一个数组记录选项是否被选中。多选框的关键示例代码如下。

```
    builder.setMultiChoiceItems(new String[]{"Android", "Java","Python"},
multiCheckedItems, new DialogInterface.OnMultiChoiceClickListener() {
        @Override
        public void onClick(DialogInterface dialog,int which,boolean isChecked){
            multiCheckedItems[which] = isChecked;
```

```
            }
        });
        builder.setPositiveButton("确定", new DialogInterface.OnClickListener() {
            @Override
            public void onClick(DialogInterface dialog, int which) {
                StringBuffer stringBuffer = new StringBuffer();
                for (int i=0;i<multiCheckedItems.length;i++) {
                    if (multiCheckedItems[i]){
                        stringBuffer.append(multiItemStr[i]).append(" ");
                    }
                }
                Toast.makeText(MainActivity.this,stringBuffer.toString()+"被选中了",Toast.LENGTH_SHORT).show();
            }
        });
```

自定义弹出对话框需要自定义对话框内容的布局，并实现相关逻辑。以下是一个自定义对话框关键代码的示例，该自定义对话框较为简单，只有一个输入框。

```
        LayoutInflater inflater = getLayoutInflater();
        View definedView = inflater.inflate(R.layout.self_defined,null,false);
        buttonDefine.setOnClickListener(new View.OnClickListener() {
            @Override
            public void onClick(View v) {
                AlertDialog.Builder builder = new AlertDialog.Builder(MainActivity.this);
                builder.setIcon(R.mipmap.ic_launcher);
                builder.setTitle("自定义对话框");
                builder.setView(definedView);
                builder.setPositiveButton("确定", new DialogInterface.OnClickListener() {
                    @Override
                    public void onClick(DialogInterface dialog, int which) {
                        EditText editText = definedView.findViewById(R.id.editTextText);
                        String str = editText.getText().toString().trim();
                        Toast.makeText(MainActivity.this,"输入密码是："+str,Toast.LENGTH_SHORT ).show();
                    }
                });
```

3.4 技能实践

3.4.1 选择题功能的实现

【任务目标】

使用 TextView、Button、CheckBox 等实现一个答题应用，应用界面如图 3-20 所示。用户单击"下一题"将显示用户的选择。

【任务分析】

答题应用综合使用了 TextView、Button、CheckBox，需要掌握 CheckBox 控件状态的获取、Button 单击事件的处理、TextView 文本的显示。

【任务实施】

1）新建工程。选择 Empty Activity，新建工程名为 Quiz 的应用程序，指定包名为 cn.edu.jssvc.quiz。

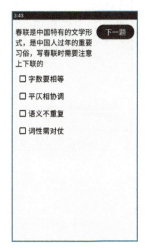

选择题功能的实现

图 3-20　答题应用效果图

2）定义字符串。打开 res/values/string.xml，定义本工程界面上需要用到的字符串。
3）设计界面。使用线性布局设计界面，参考项目 2 选择题界面的设计。
4）功能实现。功能实现主要分为三个部分，首先是将控件进行初始化，其次是监听 CheckBox 的选中状态变化，保存变化后的选中状态，最后是监听 Button 单击事件，显示用户选中的选项。关键代码如下。

```java
        CheckBox checkBoxOptionA = findViewById(R.id.checkBoxOptionA);
        CheckBox checkBoxOptionB = findViewById(R.id.checkBoxOptionB);
        …
        Button buttonNext = findViewById(R.id.buttonNext);
        buttonNext.setOnClickListener(new View.OnClickListener() {
            @Override
            public void onClick(View view) {
                StringBuffer stringBuffer = new StringBuffer();
                if (checkBoxOptionA.isChecked()){   //获取选项A 的选中状态
stringBuffer.append(checkBoxOptionA.getText().toString()).append(" ");
                }
                if (checkBoxOptionB.isChecked()){
stringBuffer.append(checkBoxOptionB.getText().toString()).append(" ");
                }
                …
```

```
                Toast.makeText(MainActivity.this,"你的选择是："+ stringBuffer,Toast.
LENGTH_SHORT).show();
            }
        });
```

5）运行效果。项目开发完成后，在模拟器或 Android 手机上运行此应用，查看运行效果。运行效果如图 3-21 所示，四个选项均选上时，单击"下一题"，可以弹出用户的选择。

代码 3.4.1
MainActivity.
java

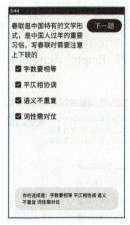

图 3-21　选择题应用运行效果图

3.4.2　信息注册的实现

【任务目标】

使用 TextView、Button、CheckBox、RadioButton 等实现一个信息注册应用，应用界面如图 3-22a 所示。用户单击"确定"按钮将显示所注册的信息，如图 3-22b 所示。

a)　　　　　　　　　　b)

图 3-22　信息注册应用运行效果图

【任务分析】

本任务主要考察用 EditText、CheckBox、RadioButton 等控件完成用户输入信息的获取，及 Button 单击事件。

【任务实施】

1）新建工程。选择 Empty Activity，新建工程名为 InfoRegister 的应用程序，指定包名为 cn.edu.jssvc.inforegister。

2）使用线性布局设计界面，参考项目 2。

3）功能实现。功能实现主要分为三个部分，首先是将控件进行初始化，其次是监听 CheckBox、RadioButton 的选中状态变化，保存变化后的选中状态，最后是监听 Button 单击事件，获取 EditText 的输入，并将输入信息作为提示弹出。关键代码如下：

```java
        radioGroupSex.setOnCheckedChangeListener(new RadioGroup.OnCheckedChangeListener(){
            @Override
            public void onCheckedChanged(RadioGroup radioGroup, int id)
            {    checkedIdSex = id;        //保存性别选中项id
            }
        });
        checkBoxJava.setOnCheckedChangeListener (new CompoundButton.OnCheckedChangeListener() {
            @Override
            public void onCheckedChanged(CompoundButton compoundButton, boolean isChecked) {
                isCheckJava = isChecked;   //保存Java选中项状态
            }
        });
        buttonCheck.setOnClickListener(new View.OnClickListener() {
            @Override
            public void onClick(View view) {
                String name = editTextName.getText().toString().trim();//获取姓名输入
                String phone = editTextPhone.getText().toString().trim();//获取手机输入
                //RadioGroup 根据选择id 判断选择性别
                String sex = checkedIdSex == R.id.radioButtonMale ? "男" : "女";
                String android = isCheckAndroid ? "Android" : "";
                String java = isCheckJava ? "Java" : "";
                String math = isCheckMath ? "数学" : "";
                String english = isCheckEnglish ? "英语" : "";
                Toast.makeText(MainActivity.this, "姓名：" + name + "，手机：" + phone +"，性别："+sex +"，兴趣："+ android + java + math + english,Toast.LENGTH_SHORT).show();
            }
        });
        }
```

代码 3.4.2 MainActivity.java

本任务完整项目代码可查看本书资源。

3.4.3 设备清单的设计

【任务目标】

使用 ListView 实现一个设备清单界面，如图 3-23 所示，用户单击"设备"将显示设备名。

图 3-23 设备清单运行效果图

【任务分析】

设备清单的设计

本任务主要考察 ListView 及其 Adapter 的使用，本任务 Item 布局较为简单，可以使用 SimpleAdapter 实现。

【任务实施】

1）新建工程。选择 Empty Activity，工程名为 DeviceList，指定包名为 cn.edu.jssvc.devicelist。

2）使用约束布局设计 activity_main，设计预览图如图 3-24 所示；使用约束布局设计 device_item，设计预览图如图 3-25 所示，具体设计方法参考项目 2。

图 3-24 activity_main 设计预览图

项目 3　信息注册——界面控件

图 3-25　device_item 设计预览图

代码 3.4.3
MainActivity.java

3）功能实现。功能实现主要分为三个部分，首先是控件初始化，其次是数据初始化，最后是设计适配器、监听事件，关键代码如下。

```java
ListView listView = findViewById(R.id.listViewDevice);
List <Map<String,Object>>listDevice = new ArrayList();
for (int i=0;i<deviceNames.length;i++){
    Map<String,Object> item = new HashMap<>();
    item.put("name",deviceNames[i]);
    item.put("nickname",deviceDescription[i]);
    item.put("head",imgIds[i]);
    listDevice.add(item);
}

SimpleAdapter simpleAdapter = new SimpleAdapter(MainActivity.this,
        listDevice,
        R.layout.device_item,
        new String[]{"head","name","nickname"},
        new int[]{R.id.imageView,R.id.textViewDeviceName, R.id.textViewDeviceDescription});
listView.setAdapter(simpleAdapter);
listView.setOnItemClickListener(new AdapterView.OnItemClickListener() {
    @Override
    public void onItemClick(AdapterView<?> parent, View view, int position, long id) {
        Toast.makeText(getApplicationContext(),deviceNames[position],Toast.LENGTH_SHORT).show();
    }
});
```

3.4.4 应用中心的设计

【任务目标】

使用 RecyclerView 实现一个应用中心的界面，如图 3-26 所示，用户单击"应用"将显示应用名。

图 3-26 应用中心运行效果图

【任务分析】

本任务主要考察 RecyclerView 及其 Adapter 的使用，本任务 Item 布局可以使用瀑布流网格布局（StaggeredGridLayout）实现。

【任务实施】

1）新建工程。选择 Empty Activity，工程名为 AppCenter。

2）使用 Android Studio 自带的开源矢量图库生成图标资源，具体做法参考 2.4.4 节智能遥控器界面的设计。

3）使用约束布局或线性布局设计 activity_main，设计预览图如图 3-27 所示；使用线性布局设计 app_item，设计预览图如图 3-28 所示，具体设计方法参考项目 2。

图 3-27　应用中心设计预览图　　　　图 3-28　应用中心 Item 设计预览图

4）功能实现。功能实现主要分为三个部分：App 类的实现、自定义 RecyclerView.Adapter 类的实现、MainActivity 的实现。App 类是一个 Bean 类，包括图片 id、应用名 name、应用行为 action 三个属性。自定义 RecyclerView.Adapter 类的实现是本任务的重点和难点。自定义 RecyclerView.Adapter 类需要继承 RecyclerView.Adapter，并实现其中的 onCreateViewHolder()、onBindViewHolder()、getItemCount()，同时还要实现一个自定义的 ViewHolder 类。AppRecycleViewAdapter 类的构造方法、自定义 ViewHolder 的代码如下。在 ViewHolder 类的构造方法中需要找到 Item 中的控件。

代码 3.4.4 App.java

```java
    private List<App> list;
    public AppRecycleViewAdapter(List<App> list) {
        this.list = list;
    }
    public class AppViewHolder extends RecyclerView.ViewHolder {
        public ImageView imageView;
        public TextView textView;
        public AppViewHolder(@NonNull View itemView) {
            super(itemView);
            imageView = itemView.findViewById(R.id.imageView);
            textView = itemView.findViewById(R.id.textView);
        }
    }
```

代码 3.4.4 AppRecycleViewAdapter.java

onCreateViewHolder()方法用于承载每个子项的布局，并可在其中设置 Item 单击事件，该方法的实现代码如下。

代码 3.4.4 MainActivity.java

```java
    @NonNull
    @Override
    public AppViewHolder onCreateViewHolder(@NonNull ViewGroup parent, int
```

```
viewType) {
        View view = LayoutInflater.from(parent.getContext()).inflate(R.layout.
app_item, parent, false);
        LinearLayout linearLayout = view.findViewById(R.id.linearLayout);
        TextView textView = view.findViewById(R.id.textView);
        linearLayout.setOnClickListener(new View.OnClickListener() {
            @Override
            public void onClick(View v) {
                Toast.makeText(parent.getContext(), textView.getText(),Toast.
LENGTH_SHORT).show();
            }
        });
        return new AppViewHolder(view);
    }
```

onBindViewHolder()方法负责将每个子项 holder 绑定数据，getItemCount()方法则用于返回子项 Item 数量，这两个方法的实现代码如下。

```
    @Override
    public void onBindViewHolder(@NonNull RecyclerView.ViewHolder holder,
int position) {
        App data = list.get(position);
        AppViewHolder viewHolder = (AppViewHolder) holder;
        viewHolder.imageView.setImageResource(data.getImgId());
        viewHolder.textView.setText(data.getName());
    }
    @Override
    public int getItemCount() {
        if(list != null){
            return list.size();
        }
        return 0;
    }
```

3.5 理论测试

1. 单选题

（1）以下（　　）控件用来显示图片。

　　A. Button　　　　B. EditText　　　　C. TextView　　　　D. ImageView

（2）如果需要捕捉某个控件的事件，需要为该控件创建（　　）。

　　A. 方法　　　　B. 工程　　　　C. 属性　　　　D. 监听器

（3）Toast 创建完毕后需要显示出来，此时需要调用以下（　　）方法。

　　A. view　　　　B. show　　　　C. makeText　　　　D. create

（4）Android 中有许多控件，这些控件无一例外地都继承自（　　）。

　　A. Control　　　　B. Window　　　　C. View　　　　D. TextView

（5）以下（　　）控件可以用来显示进度。

A．EditText　　B．Button　　C．TextView　　D．ProgressBar
（6）以下（　　）属性是用来限制 EditText 输入类型的。
　　A．text　　　　B．src　　　　C．inputType　　D．keyboard

2．判断题

（1）RadioButton 为单选按钮，需要配合 RadioGroup 使用，提供两个或多个互斥的选项集。（　　）
（2）CheckBox 为多选按钮，不能单独使用。（　　）
（3）ImageView 只能从本地加载图片。（　　）
（4）Button 是按钮，用于响应用户的单击事件。（　　）

3.6　项目演练

1．BMI 计算器

查找资料实现一个 BMI 身体质量指数计算器。要求根据用户提供的性别、身高、体重数据，计算出 BMI 并给出体型分类。

2．新建显示屏

图 3-29 所示是点阵屏控制 App 中添加点阵显示屏的一个界面——新建显示屏，请实现该界面功能，单击"确定"按钮可以弹出所填信息汇总。

图 3-29　新建显示屏界面

3．校友名录的设计

使用 ListView 或 RecyclerView 设计并实现一个校友名录，要求名录上有姓名、电话、单位。

4．菜单的设计

使用 RecyclerView 设计并实现菜单。要求菜单上有菜名、菜的简介、菜的图片等信息。

3.7 项目小结

本项目介绍了 Android 控件的属性及其用法，主要包括 TextView、Button、CheckBox、RadioButton、ImageView、Spinner、RecyclerView 等。本项目介绍的控件与项目 2 介绍的布局管理共同构成了 Android 的界面设计。

在 Android 界面设计中需要关注细节，重视用户体验，追求新颖、创新设计，这也是工匠精神的一种体现。工匠精神是一种追求卓越、精益求精的精神，它强调耐心、专注和严谨。Android 界面设计需要工匠精神的注入，只有具备耐心、专注和严谨的态度，才能创造出优秀、流畅的用户体验。

3.8 项目拓展

Android 界面设计规范

设计规范是一套为了实现特定设计目标或标准而设立的规范和准则。它们的主要目的是保障设计的统一性、可读性、可维护性和可扩展性。Android 的界面设计建议遵循如下规范。

1）布局中不得不使用 ViewGroup 多重嵌套时，不要使用 LinearLayout 嵌套，改用约束布局，可以有效降低嵌套数。

Android 应用页面上任何一个 View 都需要经过 measure、layout、draw 三个步骤才能被正确地渲染。从 Layout 的顶部节点开始进行 measure，每个子节点都需要向其父节点提供自己的尺寸来决定展示的位置。在此过程中可能还会重新 measure，节点所处位置越深，嵌套带来的 measure 越多，计算就会越费时。这就是为什么扁平的 View 结构会性能更好。

同时，页面上的 View 越多，measure、layout、draw 所花费的时间就越长。要缩短这个时间，关键是保持 View 的树形结构尽量扁平，而且要移除所有不需要渲染的 View。理想情况下，总的 measure，layout，draw 时间应该被很好地控制在 16ms 以内，以保证滑动屏幕时 UI 的流畅。

要找到那些多余的 View，可以用 Android Studio Monitor 里的 Hierarchy Viewer 工具，可视化地查看所有的 View。

2）为了便于 Activity 管理对话框/弹出浮层生命周期，在 Activity 中显示对话框或弹出浮层时，尽量使用 DialogFragment。

3）源文件统一采用 UTF-8 的形式进行编码。

4）禁止在非 UI 线程进行 View 相关操作。

5）禁止在设计布局时多次为子 View 和父 View 设置同样背景，这样会造成页面过度绘制。推荐及时隐藏不需要显示的布局。

6）在需要时刻刷新某一区域的组件时，建议通过以下方式避免引发全局 layout 刷新。
- 设置 View 大小为固定宽、高，如倒计时组件等。
- 调用 View 的 layout 方法修改位置，如弹幕组件等。
- 通过修改 Canvas 位置并且调用 invalidate(int l, int t, int r, int b)等方式，限定刷新区域。

- 设置一个是否允许控件重新布局的变量，重写控件的 requestLayout、onSizeChanged 方法在控件大小没有改变的情况下，当进入 requestLayout 方法时，直接返回，而不调用父类的 requestLayout 方法。

7）尽量不要使用 AnimationDrawable，它在初始化时会将所有图片加载到内存中，特别占内存，并且还不能释放，释放之后下次进入再次加载时会报错。

Android 的帧动画可以使用 AnimationDrawable 实现，但是如果帧动画中包含过多帧图片，一次性加载所有帧图片所导致的内存消耗会使低端机发生 OOM 异常。帧动画所使用的图片要注意降低内存消耗，当图片比较大时容易出现 OOM 异常。

8）不能使用 ScrollView 包裹 ListView/GridView/ExpandableListVlew。因为这样会把 ListView 的所有 Item 都加载到内存中，要消耗巨大的内存和 CPU 去绘制图面。ScrollView 中嵌套 ListView 或 RecyclerView 的做法官方已明确禁止。除了开发过程中遇到各种视觉和交互问题，这种做法对性能也有较大损耗。ListView 等 UI 组件自身有垂直滚动功能，也没有必要再嵌套一层 ScrollView。为了较好的 UI 体验，更贴近 Material Design 的设计，推荐使用 NestedScrollView。

9）使用 Toast 时，建议定义一个全局的 Toast 对象，这样可以避免连续显示 Toast 时不能取消上一次 Toast 消息的情况出现。即使需要连续弹出 Toast，也应避免直接调用 Toast.makeText。

项目 4　健康标签——Activity 与 Fragment

4.1　项目场景

Activity 是 Android 应用与用户交互的入口，是负责与用户进行交互的组件，用于用户界面逻辑的实现，主要涉及界面显示、接收用户输入、界面响应等。项目 2、3 的布局和控件主要在 Activity 里实现与用户的交互。

4.2　学习目标

1）熟悉 Activity 的基本操作、生命周期的概念与方法。
2）掌握 Activity 的数据传递方式和启动模式。
3）熟悉碎片 Fragment 的概念与用法。

4.3　知识学习

4.3.1　Activity 的基本操作

1. Activity 简介

Activity 的基本操作

Activity 翻译为中文是"活动"，是 Android 的重要组件之一。大部分 App 有一个或多个 Activity，Activity 位于前台，是直接和用户进行交互的组件。一个 Activity 通常对应单独的一个屏幕，它可以显示界面，并对用户的操作进行响应。

2. Activity 类的基本方法

Activity 类有很多方法，下面介绍 Activity 类最基本的几个方法。

（1）绑定自定义视图

Activity 里一般会有一个界面布局，Activity 通过 setContentView()方法绑定一个布局文件，例如：setContentView(R.layout.activity_main)，表示该 Activity 的 layout 文件为 activity_main.xml。

（2）启动 Activity

启动 Activity 可以使用 startActivity()方法。该方法的参数一般为 Intent 类型。Intent 意为"意图"，是 Android 组件之间通信的重要方式。一般一个 Activity 通过 Intent 来启动另一个 Activity，Intent 将在 4.3.3 节重点介绍。

例如，用 MainActivity 启动一个名为"MainActivity2"的 Activity，可以使用如下代码实现。

```
//MainActivity 为首页面，MainActivity2 为被启动页面
Intent intent = new Intent(MainActivity.this, MainActivity2.class);
startActivity(intent);
```

（3）结束 Activity　结束 Activity 调用 finish()方法即可，该方法没有参数，也没有返回值。

3．Activity 的创建

在前面的学习中，新建工程选择 Empty Views Activity 后，Android Studio 会自动生成一个 Activity 和 layout 文件，并在 AndroidManifest 文件里注册该 Activity。那么如何手动创建 Activity 呢？有两种方式：一种是分步骤创建 Activity，依次创建 layout 文件、创建 Java 类、配置；另一种是一键创建 Activity。

首先创建一个 No Activity 的工程，菜单栏选择"File"→"New Project…"，在弹出的窗口中选择 No Activity，如图 4-1 所示。单击 Next，工程名设置为 ActivityBase，单击 Finish 按钮，等待 sync 完成，工程就创建成功了。

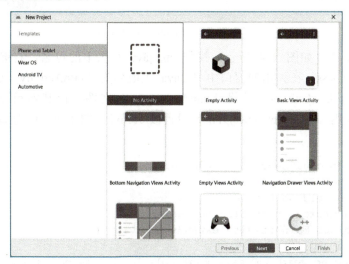

图 4-1　选择 No Activity

（1）分步骤创建 Activity

1）创建 layout 文件。右键单击 res→New→Android Resource File，在弹出的 New Resource File 窗口中填上文件名，资源类型设置为 Layout，单击 OK 按钮即可，如图 4-2、图 4-3 所示。

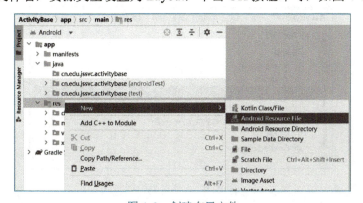

图 4-2　创建布局文件

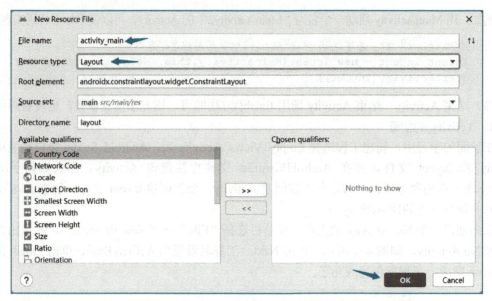

图 4-3　New Resource File 窗口

2）创建 Java 类。如图 4-4 所示，找到 app/java 目录下的包名，右键单击 cn.edu.jssvc.activitybase→Java Class，在弹出的窗口中将 Java 类取名为 MainActivity，这样就生成了一个 Java 类。该类还不是 Activity，编辑 MainActivity.java 文件，使其继承 Activity 类，重写 onCreate()方法，调用 setContentView()方法，设置该 Activity 的布局文件为 activity_main.xml，代码如下。

```java
package cn.edu.jssvc.activitybase;
import android.app.Activity;
import android.os.Bundle;
import androidx.annotation.Nullable;
public class MainActivity extends Activity {
    @Override
    protected void onCreate(@Nullable Bundle savedInstanceState) {
        super.onCreate(savedInstanceState);
        setContentView(R.layout.activity_main);
    }
}
```

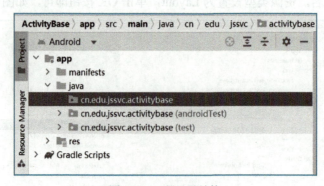

图 4-4　工程目录结构

3）配置 Activity。在 manifests 目录下打开 AndroidManifest.xml 文件，在<application></application>元素中添加<activity></activity>，代码如下。

```
<activity android:name=".MainActivity"
    android:exported="true">
    <intent-filter>
        <action android:name="android.intent.action.MAIN" />
        <category android:name="android.intent.category.LAUNCHER" />
    </intent-filter>
</activity>
```

上述代码中，android:name 用于指定 activity 对应的类名，android:exported 用于设置是否允许外部组件启动这个 Activity，<intent-filter>元素将在后续章节介绍。

需要注意的是：每个 Activity 都需要在 AndroidManifest.xml 中注册，否则无法使用。除此之外，Service、ContentProvider、BroadcastReceiver 也需要在 AndroidManifest.xml 中注册。

（2）一键创建 Activity Android Studio 开发工具提供了便捷的 Activity 创建方法，可以很便捷地完成上述三个步骤。如图 4-5 所示，找到 app/java 目录下的包名，右键单击 cn.edu.jssvc.activitybase→New→Activity→Empty Views Activity，弹出 New Android Activity 窗口，如图 4-6 所示，选中 Launcher Activity（如果是创建非 Launcher Activity，则不需要选中），其他选项使用默认配置，单击 Finish 按钮，即可完成 Activity 的创建。如图 4-7 所示，创建完成后可以看到新增了两个文件 MainActivity 和 activity_main.xml，另外 AndroidManifest.xml 文件的内容也有所增加。

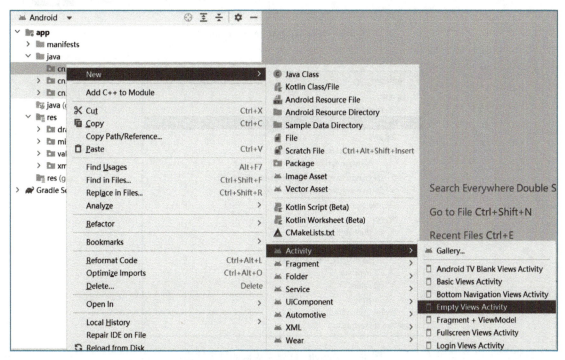

图 4-5　新建 Activity

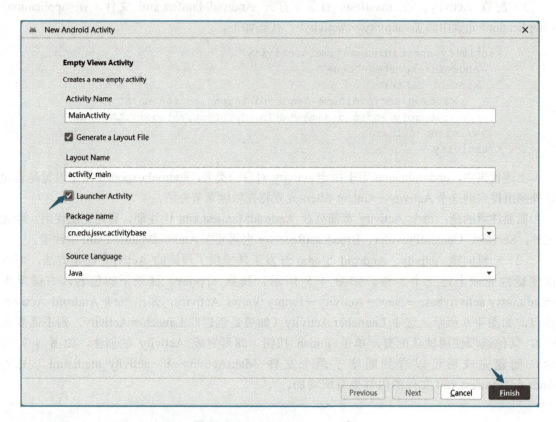

图 4-6　New Android Activity 窗口

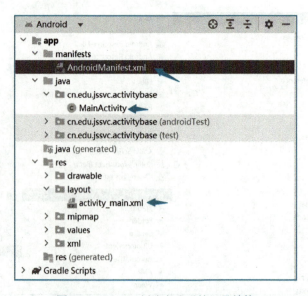

图 4-7　Activity 创建完成后的目录结构

在日常开发中，推荐使用第二种方式，一键创建 Activity。

4.3.2　Activity 的生命周期概念及方法

一切事物都处于不断地发生、成长和消亡之中，Activity 也不例外，Activity 有生命周期，有出生，成长，消亡。Activity 在 Android 系统里不是一开始就存在的，它有从创建、可见到销毁的一个过程，这就是 Activity 的生命周期。

了解 Activity 生命周期并正确响应生命周期状态变化是 Android 应用开发的重要环节。了解 Activity 生命周期状态变化，可以合理地调配 Android 系统资源，避免各种不可预料的错误出现。

1. Activity 的状态

Activity 是在前台和用户进行交互的，如图 4-8 所示，Activity 的状态主要有：

1）初始状态（Initialized）：指 Activity 最初始的状态，该状态时间很短，一般会立刻进入创建状态。

2）创建状态（Created）：在创建状态下，Activity 完全不可见。如果系统内存不足，那么这种状态下的 Activity 很容易被销毁。

3）开始状态（Started）：在开始状态下，Activity 对用户来说是可见的，但它无法获取焦点，用户对它进行操作没有响应。例如，当当前 Activity 上覆盖了一个透明或者非全屏的界面时，被覆盖的 Activity 就处于开始状态。

4）运行状态（Resumed）：Activity 在此状态时处于界面最前端，它是可见、有焦点的，可以与用户进行交互，例如，单击界面中的按钮、在界面上输入信息等。当 Activity 处于运行状态时，Android 会尽可能地保持这种状态，即使出现内存不足的情况，Android 也会先销毁其他状态的 Activity，来确保当前 Activity 正常运行。

5）销毁状态（Destroyed）：当 Activity 处于销毁状态时，将被清理出内存。

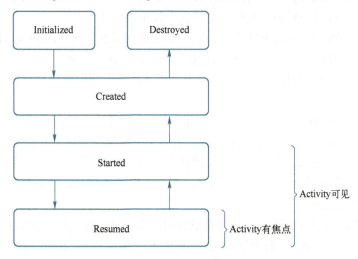

图 4-8　Activity 状态之间的跳转

需要注意的是：Activity 在 Resumed 和 Started 状态下是可见的，但是只有在 Resumed 状态下时，Activity 才有焦点，才可以进行操作。另外，Activity 的 Initialized 状态和 Destroyed 状态是过渡状态，Activity 不会在这两个状态停留。

2．Activity 的生命周期方法

Activity 在各种状态之间跳转时，会调用各种方法。例如，Activity 从 Initialized 状态跳转到 Created 状态会调用 onCreate()方法，如图 4-9 所示。

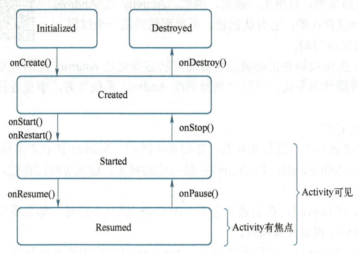

图 4-9　Activity 生命周期方法

下面介绍几个方法。

- onCreate()：在系统创建 Activity 时调用，一般用于初始化 Activity 的一些基本配置和设置。
- onStart()：Activity 即将显示在屏幕上时调用。此时用户还无法与 Activity 进行交互。该方法通常被重写，以便在其中添加一些动画或其他视觉效果。
- onResume()：Activity 即将获取焦点时调用，用户即将可以与 Activity 交互。当一个 Activity 从不可见恢复到可见时，系统也会调用该方法。
- onPause()：当前 Activity 被其他 Activity 覆盖或屏幕锁屏时，Activity 由有焦点到失去焦点时调用。通常在该方法中进行保存数据和停止动画等操作。
- onStop()：Activity 对用户不可见时调用。通常在该方法中进行释放资源和停止后台服务等操作。
- onDestroy()：Activity 销毁时调用。通常在该方法中释放一些全局变量和资源。
- onRestart()：Activity 第一次可见之后，后续从不可见回到可见状态时调用。

图 4-10 所示是 Activity 生命周期方法跳转图，Activity 生命周期的各个阶段之间可以相互转换。Activity 从前台到后台，从后台到前台，都会伴随着 Activity 状态的改变，也会调用相应的 Activity 生命周期方法。

另外需要注意的是 Android 设备横竖屏切换时，Activity 的状态也会发生改变。当 Android 设备横竖屏切换时，Activity 会销毁重建。如果不希望切换时 Activity 重建，可以通过在 AndroidManifest.xml 文件中设置 Activity 的 android:configChanges 属性值为 orientation | keyboardHidden 来实现。如果希望 Activity 一直处于竖屏或者横屏状态，可以在 AndroidManifest.xml 文件中通过设置 Activity 的 android: screenorientation 属性完成，竖屏属性值为 portrait，横屏属性值为 landscape。

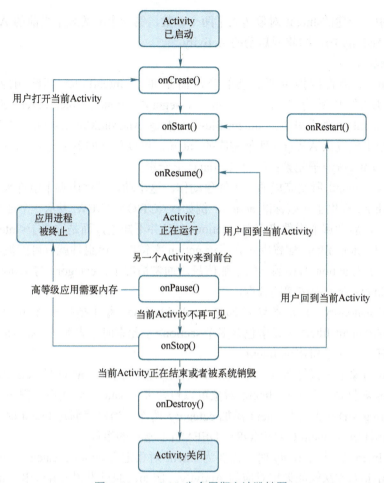

图 4-10　Activity 生命周期方法跳转图

4.3.3　Intent 的分类与用法

在 Android 应用中经常涉及 Activity 之间的跳转、Activity 调用后台服务等，这些操作的完成都需要借助 Intent。

Intent 在前文已经提到过，其中文含义为"意图"，一般作为 Android 应用各组件之间交互的媒介。Android 使用 Intent 来封装程序的启动意图，同时 Intent 也可以携带数据，在组件之间传递数据。例如，Activity 启动另一个 Activity，Activity 启动 Service 组件等，都是通过 Intent 来装载这种意图。

根据调用目标组件的方式不同，Intent 可以分为显式 Intent 和隐式 Intent。

1．显式 Intent

显式 Intent 是直接指明目标组件的类名的 Intent。例如，由 MainActivity 启动一个名为"MainActivity2"的 Activity，可以使用如下代码实现。

```
//MainActivity 为首页面，MainActivity2 为被启动页面
Intent intent = new Intent(MainActivity.this, MainActivity2.class);
startActivity(intent);
```

上述代码中，新建的 Intent 对象传入了两个参数，第一个参数表示当前的 Activity，第二个参数表示目标 Activity 类，即将要启动的 Activity。

2. 隐式 Intent

隐式 Intent 不会直接指定要启动的类，而是通过 IntentFilter 匹配相应的组件。匹配 IntentFilter 的属性主要有三个：action、category、data。IntentFilter 的属性通常在 AndroidManifest.xml 文件中设置。<intent-filter>元素是 AndroidManifest.xml 文件中<activity>元素的子元素，用于配置该 Activity 所能响应的 Intent，可以包含如下子元素：0～N 个<action>子元素；0～N 个<category>子元素；0～1 个<data>子元素。

action 表示该 Intent 所要完成的一个抽象动作，这个动作具体由哪个组件来完成，action 本身并不管。Android 提供了一些标准 action，例如，ACTION_VIEW 表示一个抽象的查看动作，但具体查看什么，启动哪个组件来查看，action 本身并不知道，而是取决于<intent-filter>配置。只要某个组件的<intent-filter>配置中包含了该 action 字符串，该组件就有可能被启动。

category 用于为 action 增加额外的附加信息。通常情况下，category 与 action 配合使用。

data 表示 Intent 对象中传递的数据。

<action>和<category>子元素均可通过 android:name 属性指定一个专有的字符串。当<activity>元素的<intent-filter>子元素包含多个<action>子元素时，表明该 Activity 能响应 action 属性值为其中任意一个字符串的 Intent。

一个 Intent 对象最多只能包含一个 action 属性，程序可调用 Intent 的 setAction(String str)方法来设置 action 属性值，但一个 Intent 对象可以包含多个 category 属性，程序可调用 Intent 的 addCategory(String str)方法来为 Intent 添加 category 属性。当程序创建 Intent 时，该 Intent 默认启动 category 属性值为 Intent.CATEGORY_DEFAULT 常量的组件。

使用隐式 Intent 启动 Activity 时，需要为 Intent 对象定义 action、category 和 data 属性，然后使用 startActivity()方法就能调用对应的 Activity。例如，通过设置 action 和 category 属性来启动一个 Activity。在 AndroidManifest.xml 文件注册 Activity 时，为其添加<intent-filter>属性，代码如下。

```xml
<activity
    android:name=".MainActivity2"
    android:exported="true" >
    <intent-filter>
     <action android:name="HELLO_INTENT" />
     <category android:name="android.intent.category.DEFAULT" />
    </intent-filter>
</activity>
```

上述 Activity 可以通过如下代码启动。

```java
Intent intent = new Intent();
intent.setAction("HELLO_INTENT");
startActivity(intent);
```

3. 标准 Action 和 Category

Android 内部提供了大量标准的 Action 和 Category 常量，通过它们可以启动一些系统 Activity。标准 Action 及标准 Category 见表 4-1 和表 4-2。

表 4-1　标准 Action

Action 常量	对应字符串	说明
ACTION_MAIN	android.intent.action.MAIN	应用程序入口
ACTION_VIEW	android.intent.action.VIEW	显示指定数据
ACTION_ATTACH_DATA	android.intent.action.ATTACH_DATA	指定某块数据附加到其他地方
ACTION_EDIT	android.intent.action.EDIT	编辑指定数据
ACTION_PICK	android.intent.action.PICK	从列表中选择某项并返回所选的数据
ACTION_CHOOSER	android.intent.action.CHOOSER	显示一个 Activity 选择器
ACTION_GET_CONTENT	android.intent.action.GET_CONTENT	让用户选择数据，并返回所选数据
ACTION_DIAL	android.intent.action.DIAL	显示拨号面板
ACTION_CALL	android.intent.action.CALL	直接向指定用户打电话
ACTION_SEND	android.intent.action.SEND	向其他人发送数据
ACTION_SENDTO	android.intent.action.SENDTO	向其他人发送消息
ACTION_ANSWER	android.intent.action.ANSWER	应答电话
ACTION_INSERT	android.intent.action.INSERT	插入数据
ACTION_DELETE	android.intent.action.DELETE	删除数据
ACTION_RUN	android.intent.action.RUN	运行数据
ACTION_SYNC	android.intent.action.SYNC	执行数据同步
ACTION_PICK_ACTIVITY	android.intent.action.PICK_ACTIVITY	用于选择 Activity
ACTION_SEARCH	android.intent.action.SEARCH	执行搜索
ACTION_WEB_SEARCH	android.intent.action.WEB_SEARCH	执行 Web 搜索

表 4-2　标准 Category

Category 常量	对应字符串	说明
CATEGORY_DEFAULT	android.intent.category.DEFAULT	默认的 Category
CATEGORY_BROWSABLE	android.intent.category.BROWSABLE	指定该 Activity 能被浏览器安全调用
CATEGORY_TAB	android.intent.category.TAB	指定该 Activity 作为 TabActivity 的 Tab 页
CATEGORY_LAUNCHER	android.intent.category.LAUNCHER	Activity 显示在顶级程序列表中
CATEGORY_INFO	android.intent.category.INFO	用于提供包信息
CATEGORY_HOME	android.intent.category.HOME	设置该 Activity 随系统启动而运行
CATEGORY_PREFERENCE	android.intent.category.PREFERENCE	该 Activity 是参数面板
CATEGORY_TEST	android.intent.category.TEST	该 Activity 是一个测试
CATEGORY_CAR_DOCK	android.intent.category.CAR_DOCK	指定手机被插入汽车底座（硬件）时运行该 Activity
CATEGORY_DESK_DOCK	android.intent.category.DESK_DOCK	指定手机被插入桌面底座（硬件）时运行该 Activity
CATEGORY_CAR_MODE	android.intent.category.CAR_MODE	设置该 Activity 可在车载环境下使用

例如，Action 的值为 ACTION_MAIN、Category 的值为 CATEGORY_HOME 的组合，表示启动系统 HOME 页面，代码如下。

```
Intent intent = new Intent();
intent.setAction(Intent.ACTION_MAIN);
intent.addCategory(Intent.CATEGORY_HOME);
startActivity(intent);
```

通常使用 setData()方法为 Intent 对象设置数据，其中 Data 使用的是 android.net.Uri 类型，

可以使用 Uri.parse()把字符串解析为 Uri 类型。如下代码可以打开百度网页。

```
Uri uri = Uri.parse("http://www.baidu.com");
intent = new Intent(Intent.ACTION_VIEW, uri);
startActivity(intent);
```

如下代码可以打开拨号页面。

```
intent.setAction(Intent.ACTION_DIAL);
intent.setData(Uri.parse("tel:12345678910"));
startActivity(intent);
```

4.3.4 Activity 的数据传递方法

Activity 的数据传递

一个 Android 应用往往包括多个 Activity，Activity 之间通常需要进行数据传递。上节介绍的 Intent 可以作为启动 Activity 的参数，也可以携带数据，进行数据传递。

1. 数据传递

图 4-11 所示是一个数据传递的例子。第一个界面 MainActivity 通过 startActivity() 打开 MainActivity2，同时将数据传递给 MainActivity2。startActivity()方法需要传入 Intent 对象，一般使用 Intent 对象来进行数据传递，具体方式有两种：putExtra()方法和 Bundle 类。

图 4-11 Activity 数据传递

（1）使用 putExtra()方法传递数据

putExtra()是 Intent 类的一个方法。putExtra()方法需要传入两个参数，第一个参数是数据名，第二个参数是数据值，其中数据值的类型很多，可以是 int、float、boolean 等基本类型，也可以是数组、对象等。

使用 putExtra()方法传递数据，第一个 Activity 发送数据的代码如下。

```
Intent intent = new Intent(MainActivity.this, MainActivity2.class);
intent.putExtra("name","zhangsan");
intent.putExtra("score",99);
startActivity(intent);
```

打开第二个 Activity 后，第二个 Activity 需要使用 getXxxExtra()方法来获取数据。上述代码对应的接收数据代码如下。

```
Intent intent = getIntent();
String name = intent.getStringExtra("name");
int score = intent.getIntExtra("score", 0);
```

上述代码中接收的数据类型和数据名需要和发送代码对应，发送的是 String 类型的数据就需要使用 getStringExtra()方法，发送的是 int 类型的数据就需要使用 getIntExtra()方法。getIntExtra()方法的第二个参数是默认值，如果没有取到对应数据名的数据值，会返回默认值。

（2）使用 Bundle 类传递数据

Bundle 类可以看作是一个数据包，里面有多个键值对。Bundle 类传递数据的代码如下。

```
Intent intent = new Intent(MainActivity.this, MainActivity2.class);
Bundle bundle = new Bundle();
bundle.putString("name","zhangsan");
bundle.putInt("score",99);
intent.putExtras(bundle);
startActivity(intent);
```

上述代码将**"name"-"zhangsan"**、**"score"**-99 两个键值对放进了一个 Bundle 对象中。
接收方 Activity 的代码如下。

```
Intent intent = getIntent();
Bundle bundle = intent.getExtras();
String name = bundle.getString("name");
int score = bundle.getInt("score", 0);
```

上述代码中 getInt()方法的第二个参数是默认值，如果没有取到对应数据名的数据值，会返回默认值。

2. 数据回传

有的应用场景中需要将第二个 Activity 的数据传回第一个 Activity，这涉及数据的回传。如图 4-12 所示，第一个界面通过 registerForActivityResult()请求返回结果，第二个界面使用 setResult()方法设置返回结果，第一个界面在 onActivityResult()方法里处理返回的结果。

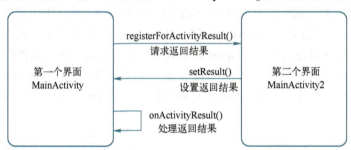

图 4-12　Activity 数据回传

第一个界面的主要代码如下。

```
//注册ActivityActivityResult
ActivityResultLauncher<Intent> activityResultLauncher =
registerForActivityResult(new
ActivityResultContracts.StartActivityForResult(), new
ActivityResultCallback<ActivityResult>() {
        @Override
        public void onActivityResult(ActivityResult result)
{
            //处理返回结果
            Intent intent1 = result.getData();
            intent1.getStringExtra("data_return");
        }
    });
...
Intent intent=new Intent(MainActivity.this, MainActivity2.class);
activityResultLauncher.launch(intent);  //启动第二个界面
```

上述代码中，需要注意的是，请求返回结果需要使用 activityResultLauncher.launch()方法开启第二个界面；另外，返回的结果为 result，返回的 Intent 是 intent1 对象。

第二个界面的主要代码如下。

```
Intent intent=new Intent();
intent.putExtra("data_return","I'm from MainActivity2");
setResult(RESULT_OK,intent);
finish();
```

setResult()方法用于设置返回结果，这里要使用 finish()方法结束当前 Activity，不能使用 startActivity()跳转。

4.3.5　Fragment 的概念与用法

随着智能手机和平板的飞速发展，设备的屏幕逐渐多样化，为了提高应用的适配性，从 Android 3.0 开始推出了 Fragment。Fragment 经常翻译成"碎片"或"片段"，是 Android 应用中可重复使用的 UI 组件，可以以 UI 模块的形式嵌入 Activity。

与 Activity 不同，Fragment 不能独立存在，必须由一个 Activity 或其他 Fragment 托管。每个 Fragment 都有自己的布局文件，可以在其中定义 UI 元素。Fragment 还可以处理自己的输入事件，如键盘输入、触摸事件等。当用户与 Fragment 交互时，系统会自动将该 Fragment 的视图层次结构添加到宿主的视图层次结构中，或者将其附加到宿主的视图层次结构上。

由于 Fragment 可以嵌套在 Activity 内部或外部，因此它们非常适合构建复杂的 UI 结构。例如，一个 Activity 可以使用多个 Fragment 组成一个选项卡式界面，或者在一个 Activity 中显示多个独立的页面。如图 4-13 所示，在界面空间较大时，一个 Activity 可以包含两个 Fragment；界面空间较小时，一个 Activity 可以只包含一个 Fragment，一个 Fragment 可以存在于两个不同的 Activity 中。

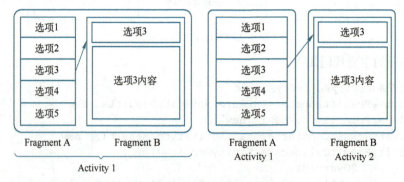

图 4-13　Fragment 与 Activity

1．Fragment 生命周期

由于 Fragment 是嵌入 Activity 中使用的，所以它的生命周期状态直接受到所属 Activity 生命周期状态的影响。但 Fragment 拥有其独特的生命周期，涵盖了创建、显示、隐藏以及销毁等一系列状态变化。在 Fragment 的生命周期中，系统会适时地调用对应的回调方法以通知 Fragment 所处状态的改变。因此，开发者可以通过这些回调函数来有效地管理 Fragment 的状态和行为。

当在 Activity 中创建 Fragment 时，该 Fragment 处于启动状态。当 Activity 被暂停或停止运行时，其中的所有 Fragment 也会相应地进入暂停或销毁状态。同样地，当 Activity 被完全销毁时，所有在该 Activity 中的 Fragment 也会一同被销毁。

然而，当一个 Activity 处于运行状态时，可以单独对每一个 Fragment 进行操作，如添加或删除。当添加一个 Fragment 时，该 Fragment 将处于启动状态；而当删除一个 Fragment 时，该 Fragment 会被销毁。这种设计使得开发者可以灵活地管理多个 Fragment，以适应不同的应用需求和用户体验。

Fragment 生命周期如图 4-14 所示。Fragment 的生命周期与 Activity 的生命周期相似，但还包括以下几个额外的方法。

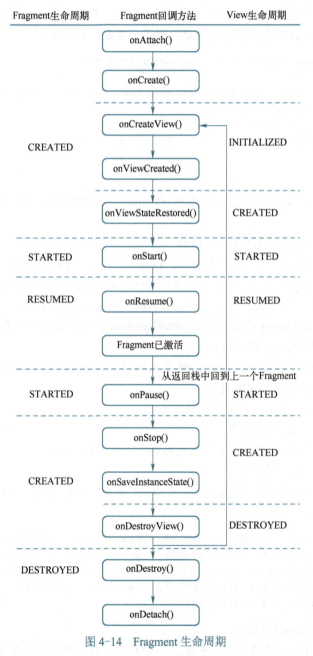

图 4-14　Fragment 生命周期

- onAttach()：Fragment 和 Activity 建立关联时调用。

- onCreateView()：Fragment 创建视图加载布局时调用。
- onViewCreated()：Fragment 的视图已经被创建并且关联时调用。
- onDestroyView()：Fragment 关联的视图被移除时调用。
- onDetach()：Fragment 和 Activity 解除关联时调用。

2. Fragment 的创建

Fragment 的创建与 Activity 类似，可以直接在 Java 源码目录中右键单击包名→New→Fragment→Fragment(Blank)创建空白的 Fragment 类文件及其 layout。查看生成的 Fragment 类文件，可以看到该类继承自 Fragment 类，在重写的方法 onCreateView()中加载了 layout 文件，通常也会在 onCreateView()方法中添加控件交互逻辑。主要代码如下。

```java
public class BlankFragment extends Fragment {
    @Override
    public View onCreateView(LayoutInflater inflater, ViewGroup container, Bundle savedInstanceState) {
        // 将布局打开
        return inflater.inflate(R.layout.fragment_blank, container, false);
    }
}
```

Fragment 创建后不能单独使用，需要将 Fragment 添加到 Activity 中。在 Activity 中添加 Fragment 有两种方式。

（1）在布局文件 layout 中添加 Fragment

在 Activity 引用的布局文件中添加 Fragment 时，需要使用<androidx.fragment.app.FragmentContainerView>标签。该标签与其他控件的标签类似，但必须指定 android:name 属性，其属性值为 Fragment 的全路径名称。可以在 XML 代码中直接输入该标签，或者在 Design 视图下，从 Palette 区的 Containers 中找到 FragmentContainerView，将其拖入布局。

（2）在 Activity 中动态加载 Fragment

当 Activity 运行时，也可以将 Fragment 动态添加到 Activity 中，具体步骤如下。

1）新建一个 Fragment 的实例对象。
2）获取一个 FragmentManager 的实例对象。
3）开启 FragmentTransaction 事务。
4）使用 replace()方法向 Activity 的布局容器中添加 Fragment。
5）通过 commit()方法提交事务。

具体代码如下，注意其中 R.id.*fragmentContainerView* 的控件类型为 *androidx.fragment.app.FragmentContainerView*。

```java
BlankFragment fragment = new BlankFragment();//实例化Fragment对象
FragmentManager fragmentManager = getSupportFragmentManager();
FragmentTransaction fragmentTransaction = fragmentManager.beginTransaction();
fragmentTransaction.replace(R.id.fragmentContainerView,fragment);
fragmentTransaction.commit();
```

3. Fragment 与 Activity 通信

在一个 Activity 中可以有多个 Fragment，一个 Fragment 也可以用在多个 Activity 中，Activity 与 Fragment 不可避免地需要进行各种交互。

在 Activity 中，可以使用类似 new BlankFragment()的方式创建 Fragment 对象，也可以使用 getSupportFragmentManager().findFragmentById()通过布局文件的 id 来获取 Fragment 对象。获取 Fragment 对象后，Activity 就可以调用 Fragment 对象的方法了。具体代码如下。

```
BlankFragment fragment = new BlankFragment();//方式1
BlankFragment fragment = (BlankFragment) getSupportFragmentManager().findFragmentById(R.id.fragmentContainerView);//方式2
```

在 Activity 中如何获取 Fragment 呢？在 Fragment 中，可以使用 getActivity()方法来获取与当前 Fragment 对应的 Activity，代码如下。

```
MainActivity mainActivity = (MainActivity) getActivity();
```

4.4 技能实践

4.4.1 登录跳转的实现

【任务目标】

使用 Activity 的相关方法将登录数据传递到第二个 Activity，界面如图 4-15 所示。

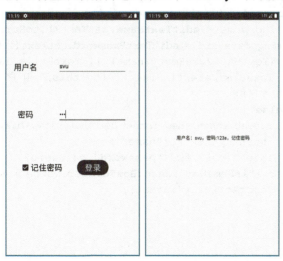

图 4-15 登录跳转界面图

【任务分析】

本任务涉及两个页面，界面设计上可以使用约束布局来完成，功能逻辑上在单击"登录"时，需要获取用户输入的信息，判断输入是否为空，输入不为空，则将用户输入信息传递到第二个 Activity。

登录跳转的实现

代码 4.4.1 MainActivity.java

【任务实施】

1）新建工程项目 Login（参考项目 1）。

2）新建第二个 Activity。找到 app/java 目录下的包名，右键单击 cn.edu.jssvc.login→New→Activity→Empty Views Activity，使用默认设置，创建 MainActivity2。

3）设计页面布局 activity_main.xml 和 activity_main2.xml（参考项目 2）。

4）实现数据传递功能，MainActivity 主要代码如下。

```java
        @Override
        protected void onCreate(Bundle savedInstanceState) {
            super.onCreate(savedInstanceState);
            setContentView(R.layout.activity_main);

            editTextName = findViewById(R.id.editTextName);
            editTextPassword = findViewById(R.id.editTextPassword);
            checkBoxRemeber = findViewById(R.id.checkBoxRemeber);
            Button buttonLogin = findViewById(R.id.buttonLogin);

            buttonLogin.setOnClickListener(new View.OnClickListener() {
                @Override
                public void onClick(View view) {
                    String name = editTextName.getText().toString().trim();
                    String password = editTextPassword.getText().toString().trim();
                    if (TextUtils.isEmpty(name) || TextUtils.isEmpty(password)){
                        Toast.makeText(MainActivity.this," 用户名和密码不能为空 ",Toast.LENGTH_SHORT).show();
                    } else {
                        Intent intent=new Intent(MainActivity.this,MainActivity2.class);
                        intent.putExtra("name",name);
                        intent.putExtra("password",password);
                        intent.putExtra("isRemeber",checkBoxRemeber.isChecked());
                        startActivity(intent);
                    }
                }
            });
        }
```

MainActivity2 的主要代码如下。

代码 4.4.1 MainActivity2.java

```java
        @Override
        protected void onCreate(Bundle savedInstanceState) {
            super.onCreate(savedInstanceState);
            setContentView(R.layout.activity_main2);

            TextView textView = findViewById(R.id.textViewReceived);
```

项目 4　健康标签——Activity 与 Fragment

```
        Intent intent = getIntent();
        String name = intent.getStringExtra("name");
        String password = intent.getStringExtra("password");
        boolean isRemeber = intent.getBooleanExtra("isRemeber",false);

        textView.setText("用户名："+name+"，密码:"+password+", "+(isRemeber?"记住密码":"不用记住密码"));
    }
```

4.4.2　健康标签的设计

【任务目标】

健康标签的设计

使用 TextView、EditText、Button、CheckBox 等控件完成一个健康标签的应用。界面如图 4-16 所示，在第一个界面输入用户信息；单击"提交"按钮后，第二个界面显示对应体温的二维码。

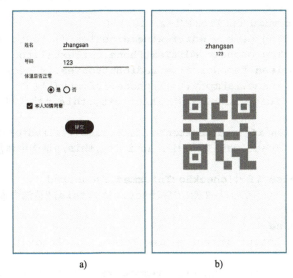

图 4-16　健康标签界面图

【任务分析】

本任务分为两个界面，第一个界面主要完成用户数据采集，第二个界面根据第一个界面传输过来的数据，显示对应的信息和二维码。两个界面的布局均可以使用约束布局或线性布局来完成。

【任务实施】

1）新建工程项目 HealthTag（参考项目 1）。

2）生成绿色和黄色两种静态二维码图片（参考项目2）。

3）新建第二个 Activity。找到 app/java 目录下的包名，右键单击 cn.edu.jssvc.healthtag→New→Activity→Empty Views Activity，使用默认设置，创建 MainActivity2。

代码 4.4.2 MainActivity.java

4）设计页面布局 activity_main.xml 和 activity_main2.xml（参考项目2）。

5）实现数据传递功能，MainActivity 主要代码如下。

```java
@Override
protected void onCreate(Bundle savedInstanceState) {
    super.onCreate(savedInstanceState);
    setContentView(R.layout.activity_main);
    editTextName = findViewById(R.id.editTextTextPersonName);
    editTextPhone = findViewById(R.id.editTextTextPersonPhone);
    radioButtonYes = findViewById(R.id.radioButtonYes);
    radioButtonNo = findViewById(R.id.radioButtonNo);
    checkBoxInformed = findViewById(R.id.checkBoxInformed);
    Button button = findViewById(R.id.buttonSubmit);
    button.setOnClickListener(new View.OnClickListener() {
        @Override
        public void onClick(View view) {
            String name = editTextName.getText().toString().trim();
            String phone = editTextPhone.getText().toString().trim();
            boolean tempNormal = radioButtonYes.isChecked();
            if (name.isEmpty() || phone.isEmpty()){
                Toast.makeText(MainActivity.this,"姓名和号码不能为空",Toast.LENGTH_SHORT).show();
            }else if(!radioButtonYes.isChecked()&&!radioButtonNo.isChecked()){
                Toast.makeText(MainActivity.this,"请选中体温情况",Toast.LENGTH_SHORT).show();
            }else if (!checkBoxInformed.isChecked()){
                Toast.makeText(MainActivity.this,"请选中本人知情同意",Toast.LENGTH_SHORT).show();
            }else {
                Intent intent = new Intent(MainActivity.this,MainActivity2.class);
                intent.putExtra("tempNormal",tempNormal);
                intent.putExtra("name",name);
                intent.putExtra("phone",phone);
                startActivity(intent);
            }
        }
    });
}
```

MainActivity2 的主要代码如下。

代码 4.4.2 MainActivity2.java

```java
@Override
protected void onCreate(Bundle savedInstanceState) {
    super.onCreate(savedInstanceState);
    setContentView(R.layout.activity_main2);
    ImageView imageViewQRcode = findViewById(R.id.imageViewQRcode);
```

```
        TextView textViewName = findViewById(R.id.textViewName);
        TextView textViewPhone = findViewById(R.id.textViewPhone);
        Intent intent = getIntent();
        boolean temp = intent.getBooleanExtra("tempNormal",false);
        String name = intent.getStringExtra("name");
        String phone = intent.getStringExtra("phone");
        if (temp){
    imageViewQRcode.setImageResource(R.drawable.ic_baseline_qr_code_2_green);
        }else {
    imageViewQRcode.setImageResource(R.drawable.ic_baseline_qr_code_2_yellow);
        }
        textViewName.setText(name);
        textViewPhone.setText(phone);
    }
```

4.4.3 一键拨号的设计

【任务目标】

使用 EditText、Button 等实现一键拨号的应用，界面如图 4-17 所示。

图 4-17 一键拨号界面图

【任务分析】

本任务界面较为简单，只有一个 EditText 和 Button，功能实现上可以调用系统拨号的 Intent 来实现。

一键拨号的设计

【任务实施】

1) 新建工程。选择 Empty Views Activity，指定工程名为 OneClickDial（参考项目 1）。

代码 4.4.3 AndroidMani-fest.xml

2）设计界面（参考项目 2）。

3）设置权限。拨号需要系统权限，在 AndroidManifest.xml 中添加拨号的用户权限，代码如下。

```xml
<uses-feature
    android:name="android.hardware.telephony"
    android:required="false" />
<uses-permission android:name="android.permission.CALL_PHONE"/>
```

4）功能设计。使用 startActivity()方法启动系统拨号 Intent，即 Intent.ACTION_CALL，关键代码如下。

```java
buttonCall.setOnClickListener(new View.OnClickListener() {
    @Override
    public void onClick(View view) {
        String phone = editTextPhone.getText().toString().trim();
        Uri uri = Uri.parse("tel:"+phone);
        Intent intent = new Intent();
        intent.setAction(Intent.ACTION_CALL);
        intent.setData(uri);
        startActivity(intent);
    }
});
```

代码 4.4.3 MainActivity.java

4.4.4　设备切换的设计

【任务目标】

使用 Fragment 实现一个设备切换的功能，界面如图 4-18 所示。单击"电视"按钮显示电视的遥控界面，单击"空调"按钮显示空调的遥控界面。不要求实现电视和空调的遥控功能。

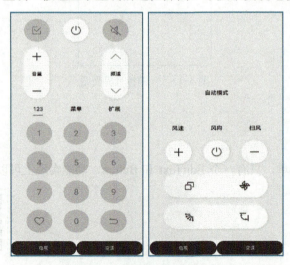

图 4-18　智能遥控器界面效果图

项目 4 健康标签——Activity 与 Fragment

【任务分析】

本任务主要是实现 Fragment 的加载与切换，可以使用 replace()方法来实现。

【任务实施】

1）新建工程。选择 Empty Views Activity，指定工程名为 DeviceSwitch，包名为 cn.edu.jssvc.deviceswitch。

设备切换的设计

2）生成 TvFragment。右键单击 cn.edu.jssvc.deviceswitch→New→Fragment→Fragment(Blank)，修改 Fragment 名为 TvFragment，其余使用默认设置。同样的方法生成 AirConditioningFragment。

3）设计 Fragment 布局 fragment_air_conditioning.xml 和 fragment_tv.xml（参考项目 2）。

代码 4.4.4 MainActivity.java

4）设计 activity_main.xml（参考项目 2）。

5）在 MainActivity 中完成 Fragment 切换功能代码，切换时需要先隐藏其他 Fragment，再显示当前 Fragment，关键代码如下。

```java
buttonTV.setOnClickListener(new View.OnClickListener() {
            @Override
            public void onClick(View view) {
                FragmentManager fragmentManager = getSupportFragmentManager();
                FragmentTransaction fragmentTransaction = fragmentManager.beginTransaction();
                if (tvFragment==null){
                    tvFragment = new TvFragment();
                    fragmentTransaction.add(R.id.fragmentContainerView,tvFragment);
                }
                hideAllFragment(fragmentTransaction);
                fragmentTransaction.show(tvFragment);
                fragmentTransaction.commit();
            }
        });

private void hideAllFragment(FragmentTransaction transaction){
    if (tvFragment!=null){
        transaction.hide(tvFragment);
    }
    if (airConditioningFragment!=null){
        transaction.hide(airConditioningFragment);
    }
}
```

4.5 理论测试

1. 单选题

（1）Activity 类中 setContentView(R.layout.activity_main)的作用是（　　）。

A. 设置布局文件 B. 设置清单文件
C. 设置表格布局 D. 设置主要布局文件

(2) Activity 类中 startActivity()方法的作用是（　　）。
A. 设置 Activity B. 启动 Activity
C. 结束 Activity D. 重置 Activity

(3) Activity 生命周期中，第一个需要执行的方法是（　　）。
A. onStart() B. onRestart()
C. onCreate() D. onResume()

(4) 下列方法中，不是 Activity 生命周期方法的是（　　）。
A. onStart() B. onRestart()
C. onCreate() D. onCreateView()

(5) Activity 中请求返回数据的方法是（　　）。
A. callForActivityResult() B. registerForActivityResult()
C. askForActivityResult() D. requestForActivityResult()

(6) Activity 中处理 Activity 返回结果的方法是（　　）。
A. setResult() B. onResult()
C. onActivity() D. onActivityResult()

(7) 当前 Activity 被其他 Activity 覆盖时调用的方法是（　　）。
A. onStart() B. onPause()
C. onStop() D. onResume()

(8) Fragment 和 Activity 建立关联时调用的方法是（　　）。
A. onDetach() B. onStart()
C. onAttach() D. onCreate()

(9) Activity 销毁时调用的方法是（　　）。
A. onDestroy() B. onPause()
C. onStop() D. onResume()

(10) 标准 Action 中 ACTION_CALL 的作用是（　　）。
A. 显示拨号面板 B. 直接向指定用户打电话
C. 向其他人发送数据 D. 应答电话

2. 多选题

(1) Intent 可以分为（　　）。
A. 显式 Intent B. 隐式 Intent
C. 临时 Intent D. 长期 Intent

(2) Activity 传递数据的方法有（　　）。
A. 使用 Intent 的 putExtra()方法
B. 使用 Intent 的 sendData()方法
C. 使用 Bundle 类传递数据
D. 使用 Tranmit 类传递数据

4.6 项目演练

1. 添加显示屏功能的实现

图 4-19 所示是点阵屏控制 App 中添加点阵显示屏的一个界面，单击"确定"按钮可以跳转到下一个 Activity 并显示所填信息。

2. 设备详情的实现

如图 4-20 所示，单击界面左侧不同的设备，界面右侧会显示不同的设备详情。

图 4-19　添加显示屏界面　　　　图 4-20　设备详情界面

3. 短信发送的实现

使用 TextView、EditText、Button 控件设计如图 4-21 所示的短信发送界面，并实现相应功能。

图 4-21　短信发送界面

4.7 项目小结

Activity 是 Android 的重要组件之一，是直接与用户交互的组件。本项目主要学习了

Activity 的基本操作、生命周期、数据传递，还有和 Activity 密切相关的 Intent、Fragment，并通过技能实践进行了练习和巩固。掌握上述知识和技能可以完成一些简单应用的开发。

现在的中大型 Android 应用开发越来越复杂，开发的工作量越来越大，因此在中大型 Android 应用开发过程中建立高效、协作和富有成效的团队是非常重要的。团队合作可以提高开发效率，降低开发成本，促进创新和灵活性，提高代码质量和安全性，并增强团队凝聚力和合作精神，确保项目的成功推进。

4.8 项目拓展

Android Studio 内置 Activity 与 Fragment 模板简介

Android Studio 软件具有智能、易用的特点，内置了很多模板，可以自动生成一些代码和资源。模板的使用可以提高工作效率、减轻创建工程的复杂性。

Activity 模板可以创建 Activity，包含一个 Java 或 Kotlin 类、一个 XML 布局文件及其他相关文件，并会将生成的 Activity 在 AndroidManifest 文件中注册。Activity 模板会生成一些常用的代码，如生命周期方法 onCreate()等。图 4-22 所示是 Android Studio Flamingo | 2022.2.1 版本内置的 Activity 模板，其中第一个 Empty Activity 是使用 Jetpack Composed 创建一个新的空 Activity，创建出来的是 Kotlin 代码的 Activity，因此在前文的 Activity 创建中，使用的都是第四个 Empty Views Activity。其余 Activity 模板也都可以选择创建 Java 代码的模板，开发者可以根据开发需求选择对应的 Activity 模板。常用的有带底部导航栏的 Bottom Navigation Views Activity、登录界面的 Login Views Activity、主要/详情流 Primary/Detail Views Flow、抽屉导航栏 Navigation Drawer Views Activity、设置页 Settings Views Activity 等。

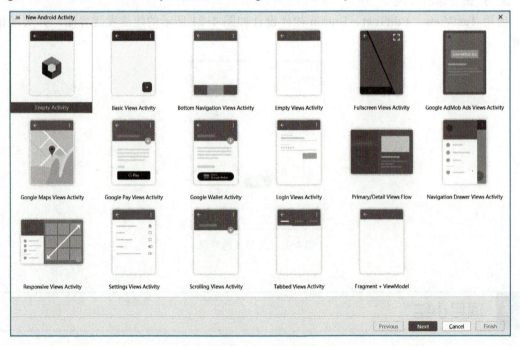

图 4-22　Activity 模板

Fragment 模板同样可以生成 Fragment，包含一个 Java 或 Kotlin 类、一个 XML 布局文件及其他相关文件。Fragment 模板也会生成一些常用的代码，如生命周期方法 onCreateView()等。图 4-23 所示是 Android Studio Flamingo | 2022.2.1 版本内置的 Fragment 模板，包括常用的空白 Fragment(Blank)、全屏 Fullscreen Fragment、列表 Fragment(List)、登录 Login Fragment 等。

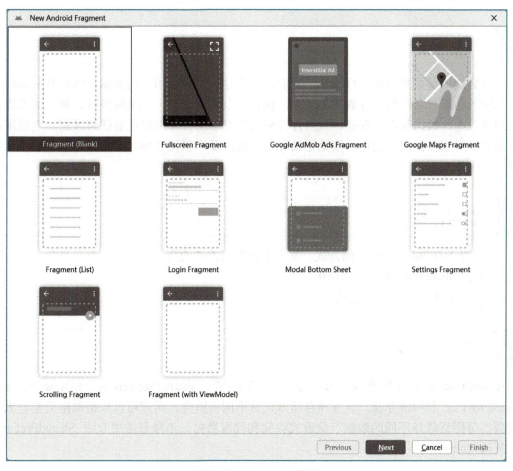

图 4-23　Fragment 模板

项目 5　记录备忘——数据存储

5.1　项目场景

大多数应用都需要和数据打交道，人们关注的往往也是应用中的数据。数据有从本地产生的，如输入的用户名密码、搜索的关键字，也有来自网络上的，如新闻内容、聊天信息等。在前面的项目中，数据都没有存储，重新打开应用和第一次打开应用没有任何区别。但日常使用的应用大多可以保留用户信息、浏览记录等，这就涉及本项目要学习的数据存储技术，也称为数据持久化技术。

5.2　学习目标

1) 了解 Android 的数据存储方式，掌握不同存储方式的特点。
2) 掌握 SharedPreferences 的使用。
3) 掌握 SQLite 数据库的使用。

5.3　知识学习

Android 提供了五种数据存储方式：文件存储、SharedPreferences、SQLite 数据库、ContentProvider 和网络存储。这五种存储方式有不同的特点，用户可以根据数据类型、大小和访问频率等因素选择不同的数据存储方式存储和读取数据。本项目主要介绍 SharedPreferences 和 SQLite 数据库。

5.3.1　SharedPreferences 的简介与用法

1. SharedPreferences 简介

SharedPreferences 的简介

在某些情况下，应用程序可能需要保存较少的数据，这些数据的格式往往较为简单，如普通的字符串或标量类型的值等，这些数据可能包括应用程序的各种配置信息。为了处理这种类型的数据，Android 平台提供了 SharedPreferences 存储工具。

SharedPreferences 是 Android 平台上一款轻量级的数据存储工具，其设计目的是保存一些常用的配置信息，如窗口状态、用户信息等。它提供了 Android 平台上常规的 long（长整型）、int（整型）、string（字符串型）的存储服务，可以将其视为一个小型的 Cookie，以键值对的方式将简单数据类型（boolean、int、float、long 和 string）存储在应用程序的私有目录（data/data/包名/shared_prefs/）下的自定义.xml 文件中。

SharedPreferences 是一个接口，获取其实例有以下两种方法。

- 调用 Context 对象的 getSharedPreferences()方法。
- 调用 Activity 对象的 getPreferences()方法。

这两种方法的区别是：

- 调用 Context 对象的 getSharedPreferences()方法获取的 SharedPreferences 对象可以被同一应用程序下的其他组件共享，它更适用于需要在应用程序的不同组件之间共享数据的场景。
- 调用 Activity 对象的 getPreferences()方法获取的 SharedPreferences 对象仅限于此 Activity 实例中访问，它更适用于只需要在单一 Activity 内部保存和读取数据的场景。

SharedPreferences 有四种操作模式：Context.MODE_PRIVATE、Context.MODE_WORLD_READABLE、Context.MODE_WORLD_WRITEABLE、Context.MODE_MULTI_PROCESS。其中，Context.MODE_PRIVATE 为默认操作模式，代表该文件是私有数据，只能被应用本身访问，在该模式下写入的内容会覆盖原文件的内容。Context.MODE_WORLD_READABLE 和 Context.MODE_WORLD_WRITEABLE 用来控制其他应用是否有权限读写该文件。MODE_WORLD_READABLE 表示当前文件可以被其他应用读取。MODE_WORLD_WRITEABLE 表示当前文件可以被其他应用写入。SharedPreferences 文件开放读写权限，不安全。MODE_WORLD_READABLE、MODE_WORLD_WRITEABLE 已经被废弃了，建议使用 FileProvider 共享文件。MODE_MULTI_PROCESS 为跨进程模式，如果项目有多个进程使用同一个 SharedPreferences，需要使用该模式，但是也已经废弃了，建议使用 ContentProvider 替代。

2. SharedPreferences 的基本方法和接口

以下是 SharedPreferences 的一些常用方法。

- edit()：用于获取 SharedPreferences 的编辑器。
- contains(String key)：用于检查是否已存在指定文件，其中 key 代表 XML 文件的名称。
- getAll()：返回 SharedPreferences 中存储的所有数据。
- getBoolean(String key, boolean defValue)：用于获取 boolean 类型的数据。
- getFloat(String key, float defValue)：用于获取 float 类型的数据。
- getInt(String key, int defValue)：用于获取 int 类型的数据。
- getLong(String key, long defValue)：用于获取 long 类型的数据。
- getString(String key, String defValue)：用于获取 String 类型的数据。
- getStringSet(String key, Set<String> defValue)：用于获取 String 类型的数据集合。
- registerOnSharedPreferenceChangeListener(SharedPreferences.OnSharedPreferenceChangeListener listener)：此方法用于注册一个当 SharedPreferences 中的数据发生改变时会被调用的回调函数。
- unregisterOnSharedPreferenceChangeListener(SharedPreferences.OnSharedPreferenceChangeListener listener)：此方法用于删除已注册的回调函数。

SharedPreferences 使用 edit()方法可以获取一个 SharedPreferences.Editor 对象，该对象可用于修改 SharedPreferences 对象的内容。所有的更改都是在编辑器中进行的批量处理，不需要复制回原始的 SharedPreferences 或持久化存储，直到调用 apply()方法才能将更改持久化存储，修改才会生效。

以下是 SharedPreferences.Editor 的常用方法。

- clear()：用于清空 SharedPreferences 中的所有数据。
- commit()：用于提交已编辑的数据，将其持久化存储。

- apply()：用于提交已编辑的数据，将其持久化存储。
- putString(String key, String value)：用于存储指定键 key 对应的字符串值 value。
- putInt(String key, int value)：用于存储指定键 key 对应的整数值 value。
- putFloat(String key, float value)：用于存储指定键 key 对应的浮点数值 value。
- putLong(String key, long value)：用于存储指定键 key 对应的长整数值 value。
- putBoolean(String key, boolean value)：用于存储指定键 key 对应的布尔值 value。
- remove()：用于删除指定键对应的数据。

SharedPreferences 的基本用法

commit()方法和 apply()方法均可用于提交已编辑的数据，将其持久化存储。commit()方法会立即将数据写入持久化存储介质中，apply()方法会将数据在后台进行处理，因此它通常被推荐使用。

3. SharedPreferences 的基本用法

SharedPreferences 数据存储的代码如下。

```
SharedPreferences sharedPreferences = getSharedPreferences("userinfo", Context.MODE_PRIVATE);
SharedPreferences.Editor editor = sharedPreferences.edit();
editor.putString("name","Zhang San");
editor.putInt("age",18);
editor.apply();
```

在这段代码中，首先获取了一个 SharedPreferences 对象，并指定了它的名称和模式。然后，使用 edit()方法获取一个 SharedPreferences.Editor 对象，用于对数据进行编辑。接着使用 putString()方法将"name"-"zhangsan"这一"键"-"值"保存到 SharedPreferences 中，使用 putInt()方法保存年龄信息。最后，调用 apply()方法将更改保存到 SharedPreferences 中。代码执行后，会在/data/data/应用包名/shared_prefs 目录下生成一个 userinfo.xml 文件，该文件可以通过 Device File Explorer 工具找到，其内容如下。

```
<?xml version='1.0' encoding='utf-8' standalone='yes' ?>
<map>
    <string name="name">Zhang San</string>
    <int name="age" value="18" />
</map>
```

可以看到 SharedPreferences 文件是用 XML 文件来存储数据的，该 XML 文件结构简单，每个键值对都是一个<map>元素的子元素。一个应用可以使用多个 SharedPreferences 文件，并对应多个 XML 文件。

从 SharedPreferences 获取数据的代码如下。

```
SharedPreferences sharedPreferences = getSharedPreferences("userinfo", Context.MODE_PRIVATE);
String name = sharedPreferences.getString("name","DefaultName");
int age = sharedPreferences.getInt("age",0);
```

上述代码中，首先获取 SharedPreferences 对象，然后使用 getString()、getInt()方法获取该 SharedPreferences 文件中对应"键"的"值"。

SharedPreferences 使用简单而且方便，但是 SharedPreferences 只能存储 boolean、int、float、long、String 和 StringSet，而且还存在缺乏条件查询、大规模读写性能差、不支持跨进程

通信等缺点。

5.3.2 SQLite 的简介与用法

SharedPreferences 适用于存储较简单的数据，若需处理大量数据，SQLite 数据库更为合适。SQLite 是一种轻量级嵌入式关系型数据库，它支持 SQL 语言，仅占用少量内存，且性能出色。此外，SQLite 是开源的，任何人均可使用。SQLite 的大部分功能与 SQL-92 标准相符，使用方法与其他主要 SQL 数据库并无显著差异。在 Android 系统中，SQLite 数据库已被集成，因此每个 Android 应用程序均可使用 SQLite 数据库。SQLite 是关系型数据库，因此数据表采用行与列的格式，与 Excel 表格的形式类似。没有数据库基础的读者，可以将其看成一个 Execl 文件，一个 Execl 文件就是一个数据库，一个 table 就是一个表格，表格由行和列构成，列名表示每列的属性，每行是一条数据。

SQLite 的简介

1. SQLite 数据库的创建

在 Android 开发中，创建 SQLite 数据库较为简单，只需要创建一个类继承 SQLiteOpenHelper 类，在该类中重写 onCreate()方法和 onUpgrade()方法即可，代码如下。

```java
public class MySQLiteHelper extends SQLiteOpenHelper {
    private static final String DATABASE_NAME = "mydatabase.db";
    private static final int DATABASE_VERSION = 1;

    public MySQLiteHelper(Context context) {
        super(context, DATABASE_NAME, null, DATABASE_VERSION);
    }
    //数据库第一次被创建时调用该方法
    @Override
    public void onCreate(SQLiteDatabase db) {
        // 创建表格和其他初始化操作
        db.execSQL("create table info(_id integer primary key autoincrement, name varchar(20),age integer)");
    }
    //当数据库的版本号增加时调用
    @Override
    public void onUpgrade(SQLiteDatabase db, int oldVersion, int newVersion) {
        // 更新数据库操作
    }
}
```

上述代码中，创建了一个 MySQLiteHelper 的类，继承自 SQLiteOpenHelper 类。在构造函数中，调用了父类的构造函数，传递了数据库名称(mydatabase.db)、版本和上下文对象。然后，重写了 onCreate()和 onUpgrade()方法，分别用于创建和更新数据库。在 onCreate()方法中，可以执行创建表格和其他初始化操作。上述代码创建了一个名为 info 的表格，该表格有三列，分别是_id、name、age；在 onUpgrade()方法中，可以执行更新数据库操作。在 MainActivity 中，可以通过以下代码调用该数据库。

```java
MySQLiteHelper mySQLiteHelper = new MySQLiteHelper(MainActivity.this);
SQLiteDatabase sqLiteDatabase = mySQLiteHelper.getWritableDatabase();
```

Android Studio 可以安装一个名为 SimpleSqliteBrowser 的插件，查看数据库。菜单栏选择"File"→"Settings…"打开设置窗口，单击 Plugins，在插件市场找到 SimpleSqliteBrowser 插件，单击 Install 按钮，如图 5-1 所示。安装完成后，重启 Android Studio 即可使用该插件。

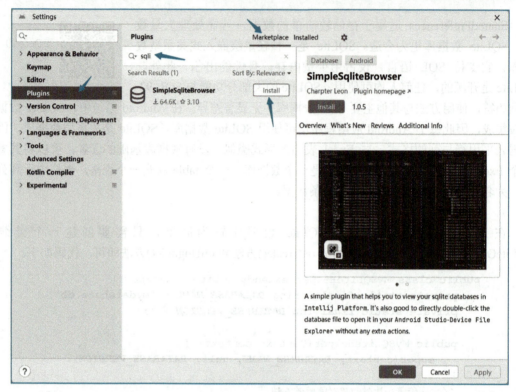

图 5-1　安装插件示意图

数据库创建后存储在 data/data/包名/databases/下。安装 SimpleSqliteBrowser 插件后可以直接双击打开数据库文件，可以看到当前数据库有个 table 名为 info，如图 5-2 所示。

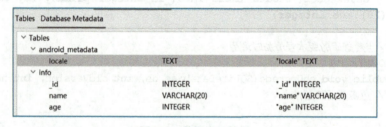

图 5-2　数据库元数据

SimpleSqliteBrowser 插件可以方便地查看 Android 应用创建的数据库，但是如果要对数据库进行操作，测试 SQL 语句，则需要使用 SQLite Expert Personal 等功能更强大的软件。

SQLite 的用法

2. SQLite 数据库的增、删、改、查

数据库的数据表创建完成后是一张空表，对表格进行增加、删除、修改、查询是数据库最常见的操作。

（1）增加数据

增加数据可以使用 SQLiteDatabase 对象的 insert()方法，示例代码如下。

```java
public void insert(String name, String age) {
    MySQLiteHelper helper = new MySQLiteHelper(MainActivity.this);
    SQLiteDatabase db = helper.getWritableDatabase();
                                                    //获取可写SQLiteDatabase对象
    ContentValues values = new ContentValues();  //创建ContentValues对象
    values.put ("name",name);             //将数据添加到contentvalues对象
    values.put("age",age);                //将数据添加到contentvalues对象
    long id = db.insert("info", null, values);   //插入一条数据到info表
    db.close();                                    //关闭数据库
}
```

上述代码，首先获取数据库对象，然后将数据添加到 ContentValues 对象，再执行 insert()方法，最后关闭数据库。调用上述方法的示例代码如下。

```java
insert("zhangsan","18");
insert("lisi","28");
```

执行完上述代码后，将在 info 表格中新增两条记录。使用 SimpleSqliteBrowser 插件查看 info 表格，如图 5-3 所示，可以看到这两条记录，表示上述代码确实正确执行了。

图 5-3　数据库元数据

（2）删除数据

删除数据可以使用 SQLiteDatabase 对象的 delete()方法，示例代码如下。

```java
public int delete(long id) {
    SQLiteDatabase db = mySQLiteHelper.getWritableDatabase();
    int number = db.delete("info", "_id=?", new String[]{id + ""});
    db.close();
    return number;
}
```

上述代码中，delete()方法将删除 info 表格中"_id"等于参数"id"的数据。delete()方法需要三个参数，分别是：表名、需要删除的条件、该条件对应的参数，该方法返回值是被该方法删除的数据行数。

（3）修改数据

修改数据可以使用 SQLiteDatabase 对象的 update()方法，示例代码如下。

```java
public int update(String name,int age) {
    SQLiteDatabase db = mySQLiteHelper.getWritableDatabase();
    ContentValues values = new ContentValues();//创建ContentValues对象
    values.put("age",age); //将数据添加到contentvalues对象
    int number = db.update("info", values, "name=?",new String[]{name});
    db.close();
    return number;
}
```

上述代码中，update()方法将 info 表格中"name"等于参数"name"的数据"age"修改为参数"age"的值。update()方法有四个参数，分别是：将更新数据的表名、将更新的数据、将更新数据的条件、该条件对应的参数。

（4）查询数据　查询数据可以使用 SQLiteDatabase 对象的 query()方法，示例代码如下。

```java
public void query(int id) {
    SQLiteDatabase db = mySQLiteHelper.getReadableDatabase();
                                    //获取可读SQLiteDatabase 对象
    Cursor cursor = db.query("info", null, "_id=?", new String[]{id + ""},
        null, null, null);
    if (cursor.getCount() != 0) {    //判断cursor 有多少个数据，如果没有就不要进
                                     //入循环了
        while (cursor.moveToNext()) {
            String _id = cursor.getString(cursor.getColumnIndexOrThrow("_id"));
            String name = cursor.getString(cursor.getColumnIndexOrThrow("name"));
            String age = cursor.getString(cursor.getColumnIndexOrThrow("age"));
            Log.d("MainActivity","Query Data is "+_id+","+name+","+age);
            cursor.close();    //关闭游标
            db.close();
        }
    }
}
```

上述代码查询了 info 表格中"_id"等于参数"id"的数据，并将查询数据打印到 Logcat 上。SQLiteDatabase 对象的 query()方法的参数很多，该方法的签名为 Cursor query(String table, String[] columns, String selection, String[] selectionArgs, String groupBy, String having, String orderBy, String limit)，各参数的含义如下。

- table：执行查询数据的表名。
- columns：要查询的列名。
- whereClause：接收查询条件子句，在条件子句中允许使用占位符"?"。
- selectionArgs：为 whereClause 子句中的占位符传入参数值，该值在数组中的位置与占位符在语句中的位置必须一致，否则就会有异常。
- groupBy：用于控制分组。
- having：用于对分组进行过滤。
- orderBy：用于对记录进行排序，有升序和降序。
- limit：用于进行分页。

如果不需要，上述参数可以设置为 null，这些参数的理解需要掌握一定的数据库知识。这些参数对应于 SQL 语句中的 select 语句，用于数据库查询。

SQLiteDatabase 对象还提供了 execSQL()方法、rawQuery()方法，可以通过 SQL 语句对数据库进行增、删、改、查等操作，示例代码如下。

```
database.execSQL ("insert into information (name,price)values (?,?)",new
Object[]{name, age });                //增加一条数据
database.execSQL ("delete from information where _id = 1");//删除一条数据
database.execSQL ( "update information set name=? where price =?",new
```

```
Object[] {name, age });                     //更新一条数据
        Cursor cursor = database.rawQuery ("select * from information where
name=?" ,new String [] {name} );            //执行查询的 SQL 语句
```

5.4 技能实践

5.4.1 保存登录密码的实现

【任务目标】

使用 SharedPreferences 的相关方法将登录数据保存，下次打开界面时，已保存数据将直接显示在界面上，登录界面如图 5-4 所示。

图 5-4　登录界面图

【任务分析】

商用 App 的用户名密码存储一般要考虑数据存储的安全问题。数据泄露会给个人带来很大的风险，如身份盗窃、金融诈骗等，同样，也会对企业造成很大的影响，如信誉受损、业务损失等。因此，保护个人和企业数据的安全是非常重要的。作为开发者，在数据存储和使用中应该遵守职业道德和规范，尊重他人的权益和隐私，保护用户的隐私和数据安全。本任务作为使用 SharedPreferences 的示例，并没有考虑数据安全问题，读者如需开发商用 App，建议先对数据进行加密再存储。

保存登录密码的实现

【任务实施】

1）新建工程项目 LoginSave，设计页面布局 activity_main.xml（参考项目 1、2）。
2）实现数据保存功能，在记住密码 CheckBox 选中的情况下，保存密码。主要代码如下。

代码 5.4.1 MainActivity.java

```java
        SharedPreferences sharedPreferences =
getSharedPreferences("userpassword", MODE_PRIVATE);
        SharedPreferences.Editor editor =
sharedPreferences.edit();
        checkBoxRemeber.setOnCheckedChangeListener(new CompoundButton.OnCheckedChangeListener() {
            @Override
            public void onCheckedChanged(CompoundButton compoundButton, boolean b) {
                if (checkBoxRemeber.isChecked()){
                    String name = editTextName.getText().toString().trim();
                    String password = editTextPassword.getText().toString().trim();
                    editor.putString("name",name);
                    editor.putString("password",password);
                    editor.putBoolean("isChecked",true);
                    editor.apply();
                }else {
                    editor.putBoolean("isChecked",false);
                    editor.apply();
                }
            }
        });
        buttonLogin.setOnClickListener(new View.OnClickListener() {
            @Override
            public void onClick(View view) {
                String name = editTextName.getText().toString().trim();
                String password = editTextPassword.getText().toString().trim();
                if (TextUtils.isEmpty(name) || TextUtils.isEmpty(password)){
                    Toast.makeText(MainActivity.this,"用户名和密码不能为空",Toast.LENGTH_SHORT).show();
                } else {
                    if (checkBoxRemeber.isChecked()){
                        editor.putString("name",name);
                        editor.putString("password",password);
                        editor.apply();
                    }
                }
            }
        });
```

上述代码中在记住密码 CheckBox 复选框状态变化，或者单击登录 Button 时，如果保存密码被选中，则进行用户名、密码、保存密码状态的保存。

密码被保存到 SharedPreferences 文件后，下次开启界面时，应该取出密码，取出密码的代码如下。

```java
        boolean isRemeber = sharedPreferences.getBoolean("isChecked",false);
        if (isRemeber){
            String name = sharedPreferences.getString("name","");
            String password = sharedPreferences.getString("password","");
            editTextName.setText(name);
            editTextPassword.setText(password);
            checkBoxRemeber.setChecked(true);
        }
```

5.4.2 备忘录的设计

【任务目标】

使用 SQLite 数据库完成一个备忘录，要求可以查看记录、新增记录、修改记录、删除记录，界面如图 5-5 所示。

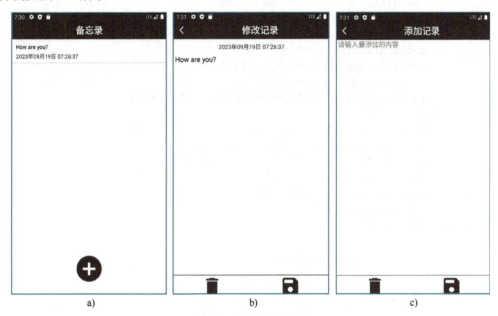

图 5-5 备忘录界面图

【任务分析】

本任务分为两个界面（修改记录、添加记录可以合为一个界面）。第一个界面主要展示已有记录，第二个界面根据第一个界面传输过来的数据，显示对应的信息或者添加记录。两个界面的布局均可以使用约束布局或线性布局来完成。

【任务实施】

1）新建工程项目 Memorandum（参考项目 1）。
2）生成添加、删除、返回、保存等图标资源（参考项目 2）。
3）新建第二个 Activity。找到 app/java 目录下的包名，右键单击 cn.edu.jssvc.memorandum→New→Activity→Empty Views Activity，修改 Activity 名为 RecordActivity，layout 名为 activity_record，其他使用默认设置，创建 RecordActivity。
4）设计页面布局 activity_main.xml 和 activity_record.xml，设计条目 Item 布局 memo_item_layout.xml（参考项目 2）。

条目 Item 布局 memo_item_layout.xml 的效果如图 5-6 所示，代码如下。

```xml
<?xml version="1.0" encoding="utf-8"?>
<LinearLayout xmlns:android="http://schemas.android.com/apk/res/android"
    android:layout_width="match_parent"
    android:layout_height="match_parent"
    android:orientation="vertical"
    android:paddingLeft="12dp">
    <TextView
        android:id="@+id/item_content"
        android:layout_width="match_parent"
        android:layout_height="wrap_content"
        android:maxLines="2"
        android:ellipsize="end"
        android:lineSpacingExtra="3dp"
        android:paddingTop="10dp"
        android:textColor="@android:color/black" />
    <TextView
        android:id="@+id/item_time"
        android:layout_width="match_parent"
        android:layout_height="wrap_content"
        android:textColor="#6851A5"
        android:paddingTop="5dp"
        android:paddingBottom="7dp"/>
</LinearLayout>
```

How are you?
2023年09月19日 07:26:37

图 5-6　Item 条目效果图

5）实现备忘记录实体类 MemoBean。该实体类主要有记录 id、记录内容、记录时间三个属性，代码如下。

```java
package cn.edu.jssvc.memorandum.bean;
public class MemoBean {
    private String id;                    //记录的id
    private String memoContent;           //记录的内容
    private String memoTime;              //保存记录的时间
    public String getId() {
        return id;
    }
    public void setId(String id) {
        this.id = id;
    }
    public String getMemoContent() {
        return memoContent;
    }
    public void setMemoContent(String memoContent) {
        this.memoContent = memoContent;
    }
    public String getMemoTime() {
        return memoTime;
```

```java
    }
    public void setMemoTime(String memoTime) {
        this.memoTime = memoTime;
    }
}
```

6) 封装实现 Item 的 ViewHolder 类——MemoViewHolder。在该类中设置 Item 中 View 的显示，关键代码如下。

```java
public class MemoViewHolder {
    TextView textViewMemoContent;
    TextView textViewMemoTime;
    public MemoViewHolder(View view){
        textViewMemoContent= view.findViewById(R.id.item_content);
        textViewMemoTime= view.findViewById(R.id.item_time);
    }
}
```

7) 实现 Item 与数据的桥梁（Adapter）——MemoAdapter，继承自 BaseAdapter，关键代码如下。

代码 5.4.2 MemoAdapter.java

```java
    public MemoAdapter(Context context, List<MemoBean> list){
        this.layoutInflater=LayoutInflater.from(context);
        this.list=list;
    }
    @Override
    public int getCount() {
        return list==null ? 0 : list.size();
    }
    @Override
    public Object getItem(int position) {
        return list.get(position);
    }
    @Override
    public long getItemId(int position) {
        return position;
    }
    @Override
    public View getView(int position, View convertView, ViewGroup parent) {
        MemoViewHolder viewHolder;
        if (convertView==null){
            convertView=layoutInflater.inflate(R.layout.memo_item_layout,null);
            viewHolder=new MemoViewHolder(convertView);
            convertView.setTag(viewHolder);
        }else {
            viewHolder=(MemoViewHolder) convertView.getTag();
        }
        MemoBean memoInfo=(MemoBean) getItem(position);
        viewHolder.textViewMemoContent.setText(memoInfo.getMemoContent());
        viewHolder.textViewMemoTime.setText(memoInfo.getMemoTime());
        return convertView;
    }
```

8）实现数据库 SQLiteHelper，继承自 SQLiteOpenHelper，需要完成数据库的创建、数据表的创建、数据的增加、删除、修改、查询，关键代码如下。

代码 5.4.2
SQLiteHelper.
java

```java
public SQLiteHelper(Context context){
    super(context, DATABASE_NAME, null, DATABASE_VERION);
    sqLiteDatabase = this.getWritableDatabase();
}
//创建表
@Override
public void onCreate(SQLiteDatabase db) {
    db.execSQL("create table "+DATABASE_TABLE +"("+MEMO_ID+
    " integer primary key autoincrement,"+ MEMO_CONTENT +
    " text," + MEMO_TIME + " text)");
}
@Override
public void onUpgrade(SQLiteDatabase db, int oldVersion, int newVersion) {}
//添加数据
public boolean insertData(String userContent,String userTime){
    ContentValues contentValues=new ContentValues();
    contentValues.put(MEMO_CONTENT,userContent);
    contentValues.put(MEMO_TIME,userTime);
    return
sqLiteDatabase.insert(DATABASE_TABLE,null,contentValues)>0;
}
//删除数据
public boolean deleteData(String id){
    String sql=MEMO_ID +"=?";
    String[] contentValuesArray=new String[]{String.valueOf(id)};
    return
sqLiteDatabase.delete(DATABASE_TABLE,sql,contentValuesArray)>0;
}
//修改数据
public boolean updateData(String id,String content,String userYear){
    ContentValues contentValues=new ContentValues();
    contentValues.put(MEMO_CONTENT,content);
    contentValues.put(MEMO_TIME,userYear);
    String sql=MEMO_ID +"=?";
    String[] strings=new String[]{id};
    return
sqLiteDatabase.update(DATABASE_TABLE,contentValues,sql,strings)>0;
}
//查询数据
public List<MemoBean> query(){
    List<MemoBean> list=new ArrayList<MemoBean>();
    Cursor cursor=sqLiteDatabase.query(DATABASE_TABLE,null,null,null,
        null,null,MEMO_ID +" desc");
    if (cursor!=null){
        while (cursor.moveToNext()){
            MemoBean memoInfo=new MemoBean();
            String id = String.valueOf(cursor.getInt
                (cursor.getColumnIndexOrThrow(MEMO_ID)));
```

```java
                String content = cursor.getString(cursor.getColumnIndexOrThrow
                        (MEMO_CONTENT));
                String time = cursor.getString(cursor.getColumnIndexOrThrow
                        (MEMO_TIME));
                memoInfo.setId(id);
                memoInfo.setMemoContent(content);
                memoInfo.setMemoTime(time);
                list.add(memoInfo);
            }
            cursor.close();
        }
        return list;
    }
```

9）实现备忘录首页已有记录的显示，主要是 ListView 的显示，单击事件的响应。涉及数据库的查询与数据的适配，关键代码如下。

```java
        //用于显示便笺的列表
        listView = findViewById(R.id.listview);
        ImageView add = findViewById(R.id.memo_add);
        add.setOnClickListener(new View.OnClickListener() {
            @Override
            public void onClick(View v) {
                Intent intent = new Intent(MainActivity.this,
                        RecordActivity.class);
                startActivityForResult(intent, 1);
            }
        });
        initData();
    protected void initData() {
        mSQLiteHelper= new SQLiteHelper(this);                    //创建数据库
        showQueryData();
        listView.setOnItemClickListener(new AdapterView.OnItemClickListener() {
            @Override
            public void onItemClick(AdapterView<?> parent,View view,int position,
long id){
                MemoBean memoBean = list.get(position);
                Intent intent = new Intent(MainActivity.this, RecordActivity.class);
                intent.putExtra("id", memoBean.getId());
                intent.putExtra("time", memoBean.getMemoTime());   //记录的时间
                intent.putExtra("content", memoBean.getMemoContent());
                                                                    //记录的内容
                MainActivity.this.startActivityForResult(intent, 1);
            }
        });
        listView.setOnItemLongClickListener(new AdapterView.OnItemLongClick-
Listener() {
            @Override
            public boolean onItemLongClick(AdapterView<?> parent, View view,
final int
                    position, long id) {
                AlertDialog dialog;
```

```
                    AlertDialog.Builder builder = new AlertDialog.Builder
(MainActivity.this)
                        .setMessage("是否删除此事件？")
                        .setPositiveButton("确定", new DialogInterface.
OnClickListener() {
                            @Override
                            public void onClick(DialogInterface dialog, int which)
{MemoBean memoBean = list.get(position);
    if(mSQLiteHelper.deleteData(memoBean.getId())){
                                list.remove(position);
    adapter.notifyDataSetChanged();
    Toast.makeText(MainActivity.this,"删除成功",
    Toast.LENGTH_SHORT).show();
                            }
                        }
…
    private void showQueryData(){
        if (list!=null){
            list.clear();
        }
        //从数据库中查询数据(保存的便笺)
        list = mSQLiteHelper.query();
        adapter = new MemoAdapter(this, list);
        listView.setAdapter(adapter);
    }
    @Override
    protected void onActivityResult(int requestCode,int resultCode, Intent
data){
        super.onActivityResult(requestCode, resultCode, data);
        if (requestCode==1&&resultCode==2){
            showQueryData();
        }
    }
```

代码 5.4.2 RecordActivity.java

10）实现添加记录和修改记录的功能。添加记录和修改记录是同一个 RecordActivity，在代码中需要判断是添加记录还是修改记录，默认是添加记录，如果是修改记录则需要接收前一个 Activity 传递过来的记录数据。判断和显示数据的代码如下。

```
    protected void initData() {
        mSQLiteHelper = new SQLiteHelper(this);
        memoName.setText("添加记录");
        Intent intent = getIntent();
        if(intent!= null){
            id = intent.getStringExtra("id");
            if (id != null){
                memoName.setText("修改记录");
                content.setText(intent.getStringExtra("content"));
                memo_time.setText(intent.getStringExtra("time"));
                memo_time.setVisibility(View.VISIBLE);
            }
        }
    }
```

在 RecordActivity 中有三个按钮的单击事件需要响应，涉及数据的添加、删除和修改，关键代码如下。

```java
@Override
public void onClick(View v) {
    if (v.getId()==R.id.memo_back) {           //响应返回按钮
        finish();
    } else if (v.getId()==R.id.memo_delete){   //响应删除按钮
        content.setText("");
    }else {                                    //响应修改按钮
        String memoContent=content.getText().toString().trim();
        if (id != null){                       //修改操作
            if (memoContent.length()>0){
                if (mSQLiteHelper.updateData(id, memoContent, getTime())){
                    showToast("修改成功");
                    setResult(2);
                    finish();
                }else {
                    showToast("修改失败");
                }
            }else {
                showToast("修改内容不能为空!");
            }
        }else {
            //向数据库中添加数据
            if (memoContent.length()>0){
                if (mSQLiteHelper.insertData(memoContent, getTime())){
                    showToast("保存成功");
                    setResult(2);
                    finish();
                }else {
                    showToast("保存失败");
                }
            }else {
                showToast("修改内容不能为空!");
            }
        }
    }
}
```

5.5 理论测试

1. 单选题

（1）下列关于 SharedPreferences 存取文件的描述中，错误的是（　　）。
　　A．SharedPreferences 保存的是 key-value 对
　　B．SharedPreferences 保存格式是.xml
　　C．SharedPreferences 文件保存在 data/data/包名/shared_prefs/下
　　D．SharedPreferences 不能被同一应用程序下的其他组件共享

（2）SharedPreferences 通常用于存储的数据类型是（　　）。
　　A．对象　　　　　　　　　　　　B．列表
　　C．简单"键-值"对　　　　　　　D．大量数据记录
（3）下列方法中，SharedPreferences 获取其编辑器的方法是（　　）。
　　A．getEdit()　　B．edit()　　C．editor()　　D．getAll()
（4）SQLiteDatabase 类中数据查询的方法是（　　）。
　　A．query()　　B．insert()　　C．delete()　　D．add()
（5）SQLiteDatabase 类中增加数据的方法是（　　）。
　　A．query()　　B．insert()　　C．delete()　　D．add()
（6）SQLiteDatabase 类中修改数据的方法是（　　）。
　　A．query()　　B．insert()　　C．delete()　　D．update()
（7）SQLiteDatabase 类中删除数据的方法是（　　）。
　　A．query()　　B．insert()　　C．delete()　　D．update()

2. 多选题

getSharedPreferences 方法的文件操作模式参数有（　　）。
　　A．Context.MODE_PRIVATE
　　B．Context.MODE_PUBLIC
　　C．Context.MODE_WORLD_READABLE
　　D．Context.MODE_WORLD_WRITEABLE

5.6 项目演练

1. 保存设置的实现

图 5-7 所示是遥控器 App 中的设置界面，单击 Switch 控件会切换该开关的状态，切换后需要保存当前状态，下次打开 App 时，调用已保存的开关状态。

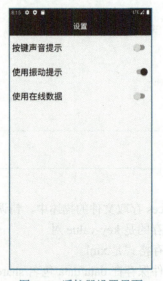

图 5-7　遥控器设置界面

2. 单词本的实现

如图 5-8 所示，设计一个单词本，要求可以添加单词、查询单词、修改单词、删除单词。

图 5-8　单词本界面

5.7　项目小结

数据存储是大部分 App 的必备功能，数据存储可以用来保存设置、文件、数据等。本项目主要学习了 SharedPreferences、SQLite 两种数据存储方式，可以应付应用开发的大部分需求。

5.8　项目拓展

Android 的文件存储

在 Java 编程语言中，可以通过输入/输出流（IO 流）这一有效的方式来进行文件读/写操作。由于 Android 应用是基于 Java 语言开发的，因此它也支持利用这种方法来读写 Android 设备存储器中的文件。

1. 文件存储

Android 操作系统提供了两种主要的方法来开启应用程序数据文件夹的输入/输出流：openFileInput(String name)和 openFileOutput(String name, int mode)。前者用于打开应用程序文件夹下与指定文件名（name）关联的输入流，后者用于打开应用程序文件夹下与指定文件名（name）关联的输出流，并需指定操作模式（mode）。文件可以用来存储许多类型的数据，如文本、图片、音频等，其默认位置为/data/data/<包名>/files/。

Android 还提供了一系列的方法来管理和操作应用程序的文件夹。

getDir(String name,int mode)：该方法用于在应用程序文件夹内创建与指定名称（name）相对应的子目录。

File getFilesDir()：该方法返回应用程序数据文件的绝对路径。

String[] fileList()：该方法返回应用程序文件夹下的所有文件名。

deleteFile(String name)：该方法用于删除指定文件。

在 Activity 类中提供了 openFileOutput()方法，通过它可将数据输出到文件中，具体的实现过程与在 Java 环境中将数据保存到文件中的操作类似。

openFileOutput()方法的第二个参数用于指定操作模式，主要有四种模式。Context.MODE_PRIVATE=0，这是默认的操作模式，表示该文件是私有数据，只能被应用本身访问。在此模式下，写入的内容会覆盖原始文件的内容。如果希望将新写入的内容追加到原文件中，可以使用 Context.MODE_APPEND。在 Context.MODE_APPEND 模式下，会检查文件是否存在，如果存在就向文件追加内容，否则就创建新文件。Context.MODE_WORLD_READABLE 和 Context.MODE_WORLD_WRITEABLE 用来控制其他应用是否有权限读取或写入该文件。MODE_WORLD_READABLE 表示当前文件可以被其他应用读取，MODE_WORLD_WRITEABLE 表示当前文件可以被其他应用写入。

如果希望文件能被其他应用读取和写入，可以传入 openFileOutput("file.txt",Context.MODE_WORLD_READABLE + Context.MODE_WORLD_WRITEABLE")。Android 有一套自己的安全模型，当应用程序(.apk)安装时，系统会为其分配一个 userid。当该应用要访问其他资源，如文件的时候，就需要 userid 匹配。

在默认情况下，任何应用创建的文件、SharedPreferences 以及数据库都应该是私有的（位于/data/data/包名/files 目录下），其他程序无法访问。除非在创建时指定了 Context.MODE_WORLD_READABLE 或者 Context.MODE_WORLD_WRITEABLE，只有这样其他程序才能正确访问。

2. 文件读取

Activity 类提供了 getCacheDir()和 getFilesDir()两个方法。

getCacheDir()方法用于获取操作系统为应用程序分配的缓存目录路径，该路径位于/data/data/<包名>/cache 目录下；getFilesDir()方法用于获取应用程序专属的文件目录路径，该路径位于/data/data/<包名>/files 目录下。

项目 6　分秒必争——广播、服务与线程

6.1　项目场景

以前学习的 Android 开发技术，一般都是直接和用户交互的，但 Android 应用其实有很多不为人知的秘密，本项目将介绍广播、服务和线程等 Android 后台相关技术。

6.2　学习目标

1）理解广播机制，掌握广播的使用。
2）了解 Android 中的线程，掌握 Android 线程间通信的使用。
3）了解服务的作用，掌握服务的使用。

6.3　知识学习

6.3.1　广播接收者的简介与使用

广播是 Android 系统中一种重要的通信机制，用于在组件之间传递信息。例如，当设备完成开机过程后，系统可以发送一条表示开机完成的广播。BroadcastReceiver（广播接收者）可以接收并筛选出重要的信息。从本质上讲，BroadcastReceiver 是一个系统级别的监听器，主要负责对系统或应用程序发送的广播进行监听，从而实现不同组件之间的相互通信。

广播接收者

1. 广播的分类

Android 中的广播按定义方式可以分为自定义广播和系统广播；按接收的顺序可以分为有序广播和无序广播。

自定义广播即开发者自己定义的广播，一般需要定义广播的 action，自己确定广播发送事件。

系统广播是 Android 系统内置的一种广播机制，它涉及设备的基本操作，例如，开机、网络状态变化、拍照等都会发出相应的广播。每个广播都有特定的 Intent-Filter（包括具体的 action），Android 常见的系统广播 action 见表 6-1。

表 6-1　Android 常见的系统广播 action

action	说明
ACTION_AIRPLANE_MODE_CHANGED	飞行模式打开或关闭
ACTION_BATTERY_LOW	电源电量低
ACTION_BOOT_COMPLETED	启动完成

（续）

action	说明
ACTION_PACKAGE_REMOVED	App 已删除
ACTION_REBOOT	设备重启
ACTION_SCREEN_OFF	屏幕被关闭
ACTION_SCREEN_ON	屏幕被打开
ACTION_SHUTDOWN	关闭系统时

有序广播是指一种按照广播接收者声明的优先级顺序依次接收的机制。在广播发送后，优先级最高的接收者会率先接收，并且只有在该接收者中的代码执行完成后，次高优先级的接收者才会收到广播。这个接收过程会依次进行，直到所有的广播接收者都接收完毕。如果优先级较高的广播接收者在处理广播逻辑中将其终止，那么后续的广播将不再向后传递。由于需要等待高优先级的广播接收者处理完毕后才能继续向后传递，因此有序广播的广播效率相对较低。在动态注册接收者时，可以使用对象的 setPriority() 方法设置优先级别，优先值越大，优先级越高。如果两个广播接收者的优先级相同，则先注册的广播接收者优先级较高。

无序广播是指一种完全异步执行的机制。发送广播时，所有监听这个广播的广播接收者都会接收到此广播消息，而接收和执行的顺序是不确定的。由于无序广播不需要等待其他广播接收者的处理结果，因此其传播效率比较高，并且无法被拦截。

2. BroadcastReceiver 的创建

广播接收者（BroadcastReceiver）是用来接收广播的，用于设计收到广播后的逻辑。创建 BroadcastReceiver 相对简单，有两种方式：手动创建和自动生成创建。

（1）手动创建

首先，需要创建一个类并继承自 BroadcastReceiver 类，然后重写 onReceive(Context context, Intent intent) 方法。这是 BroadcastReceiver 的主要操作方法，当接收到广播时，系统会调用该方法。

（2）自动生成创建

Android Studio 也提供了便捷的 BroadcastReceiver 创建方式，找到 app/java 目录下的包名，右键单击→New→Other→BroadcastReceiver。此方法创建 BroadcastReceiver 会生成一个 Java 的 BroadcastReceiver 模板，并且会在 AndroidManifest.xml 文件中将其注册。如图 6-1 所示。

在弹出的 New Android Component 窗口（图 6-2）中有四个属性需要指定，其中 Class Name 表示接收器的类名，Exported 表示该接收器是否能被其他组件调用或进行交互，Enabled 属性表示系统是否能够实例化该接收器。使用默认类名，默认勾选，使用 Java 语言，生成的 BroadcastReceiver 代码如下。

```java
public class MyReceiver extends BroadcastReceiver {
    @Override
    public void onReceive(Context context, Intent intent) {
        // TODO: This method is called when the BroadcastReceiver is receiving
        // an Intent broadcast.
        throw new UnsupportedOperationException("Not yet implemented");
    }
}
```

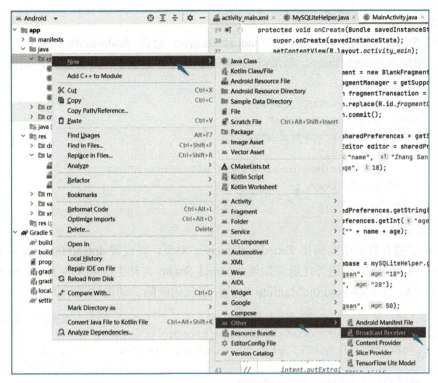

图 6-1　在 Android Studio 中创建 BroadcastReceiver

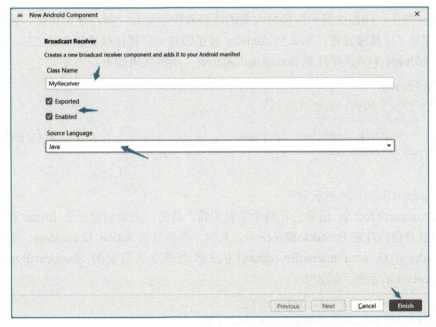

图 6-2　New Android Component 窗口

上述代码中，重写了 onReceive()方法，但是没有实现任何操作，最后默认抛出 UnsupportedOperationException，后续实现该方法时，可以删除该异常抛出语句。

3. BroadcastReceiver 的注册

有两种方式：静态注册和动态注册。

（1）静态注册

Android Studio 自动生成创建的 BroadcastReceiver 会在 AndroidManifest.xml 文件中注册<receiver>，但缺少<intent-filter>。新增<intent-filter>元素，设置其 action 属性，示例代码如下。

```xml
<receiver
    android:name=".MyReceiver"
    android:enabled="true"
    android:exported="true">
    <intent-filter>
        <action android:name="MyReceiverAction" />
    </intent-filter>
</receiver>
```

（2）动态注册

动态注册需要在代码中实例化 BroadcastReceiver 对象，并设置 IntentFilter，此方式不需要在 AndroidManifest.xml 文件中进行注册。如果 Android Studio 自动生成创建的 BroadcastReceiver 需要动态注册的话，需要将 AndroidManifest 中的注册代码删除。动态注册示例代码如下。

```java
receiver = new DynamicReceiver();                              //实例化广播接收者
String action = "DynamicReceiverAction";
IntentFilter intentFilter = new IntentFilter();                //实例化过滤器并设置要过
                                                               //滤的广播
intentFilter.addAction(action);
registerReceiver(receiver,intentFilter);                       //注册广播
```

需要强调的是，动态注册的广播接收者的注销取决于进行广播注册的组件。例如，如果在 Activity 中注册了广播接收者，那么当 Activity 被销毁时，广播接收者也会随之被注销，需要在 Activity 的 onDestroy()方法中注销 BroadcastReceiver，示例代码如下。

```java
@Override
protected void onDestroy() {
    super.onDestroy();
    unregisterReceiver(receiver);                              //当Activity 销毁时注销动态
                                                               BroadcastReceiver
}
```

4. BroadcastReceiver 的启动

启动 BroadcastReceiver 需要进行两个主要步骤。首先，需要创建一个 Intent 对象，该对象用于指定需要启动的特定 BroadcastReceiver。其次，需要设置 action 和 package。最后，通过调用 sendBroadcast()或 sendOrderedBroadcast()方法启动或发送指定的 BroadcastReceiver。启动 BroadcastReceiver 的示例代码如下。

```java
Intent intent = new Intent();
intent.setAction("MyReceiverAction");
intent.setPackage("cn.edu.jssvc.broadcasttest");
sendBroadcast(intent);
```

每当系统发生广播事件时，系统会针对该事件创建一个相应的 BroadcastReceiver 实例，并调用其 onReceive()方法。在该方法被执行完成后，BroadcastReceiver 的实例就会被销毁。然而，如果 onReceive()方法在 5s 内无法完成执行，那么 Android 系统将会认为该应用程序无响

项目 6 分秒必争——广播、服务与线程   139

应,从而弹出 ANR(Application No Response)对话框。因此,为了优化 BroadcastReceiver 的性能和避免无响应的应用程序,应当避免在 onReceive()方法中执行耗时的操作。如果确实需要,可以在 onReceive()方法中启动子线程或其他组件来处理此操作。

6.3.2 线程与处理者 Handler 简介

1. 进程与线程

进程和线程是操作系统中重要的概念,都是操作系统资源分配和任务执行的基本单位。通常来说,一个应用可以包含多个进程,一个进程可以包含多个线程。图 6-3 所示是 Windows 11 的任务管理器,其中 Android Studio 软件当前运行了四个进程,每个进程占用的 CPU、内存、磁盘、网络资源不同。

图 6-3　Windows 11 任务管理器

一般来说,Android 系统也会为一个应用启动一个新的 Linux 进程,同时会启动一个主线程(Main Thread)。默认情况下,同一应用的组件会在相同的进程和线程中运行。图 6-4 所示为一个包名为 cn.edu.jssvc.servicetest 应用的 Logcat 调试信息,其中正在运行的进程 id 为 15157,该进程下有两个线程,id 分别为 15157、15181。

图 6-4　Logcat 日志信息

2. Android 的主线程

在 Android 应用程序中,主线程主要负责处理与用户界面(UI)相关的事件,例如,按钮单击事件、用户手势事件以及屏幕绘图事件等。该线程充当事件分发器,将接收到的相关事件分派给相应的组件进行处理。因此,主线程通常又被称为 UI 线程或界面线程。然而,在某些特殊情况下,应用的主线程可能并非其界面线程。

由于主线程主要负责监听用户界面事件和绘图,因此必须确保其能够随时高效地响应应户操作。主线程中的操作应当设计得尽可能短暂和简洁,如同中断事件处理程序一样。对于耗时的操作(如网络连接),需要另外开启子线程以避免阻塞主线程。如果主线程超过 5s 未能响应用户请求,将会触发 ANR(应用程序无响应)对话框,提醒用户是否终止应用程序。

在 Android 应用程序开发中,必须遵循单线程模型的原则,并避免阻塞 UI 线程。只有通过 UI 主线程才能访问 Android UI 工具包。如果在非 UI 线程中直接操作 UI 控件,将会抛出 android.view.ViewRoot$CalledFromWrongThreadException 异常。这与传统的 Java 应用开发不同,需要特别注意。

3. 线程间通信与处理者 Handler

Android 的非 UI 线程也可能需要更新或响应 UI 控件,但 Android 的 UI 控件不是线程安全的,在非线程中操作这些控件可能会导致意外行为,因此 Android 限制了在非 UI 线程进行 UI 操作。但非 UI 线程的数据变化又往往需要更新 UI 界面,这时需要将此类任务委托给 UI 线程来执行,Android 采用 Handler 消息机制来实现 UI 线程和非 UI 线程间的通信。

通常在主线程(UI 线程)中绑定一个 Handler 对象,并在事件触发点创建子线程以执行某些耗时的操作。当子线程中的工作完成后,会向 Handler 发送一个消息(使用 Message 对象)。当 Handler 接收到此消息后,它将执行主线程中的 UI 更新操作,如图 6-5 所示。

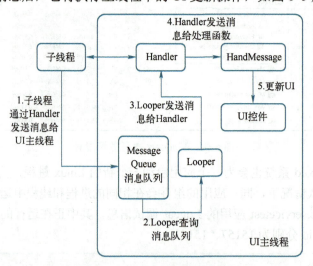

图 6-5 Handler 消息处理机制

Handler 处理消息的示例代码如下。

```
handler = new Handler(Looper.getMainLooper(), new Handler.Callback() {
    @Override
    public boolean handleMessage(@NonNull Message message) {
        if (message.what == 0x123) {
            textView.setText((String) message.obj);
        }
        return false;
    }
});
```

Handler 发送消息的示例代码如下。

```
button.setOnClickListener(new View.OnClickListener() {
    @Override
    public void onClick(View v) {
        new Thread(new Runnable() {
            @Override
            public void run() {
                // 模拟耗时操作
                try {
                    Thread.sleep(5000);
                } catch (InterruptedException e) {
                    e.printStackTrace();
                }
                // 发送消息到Handler
                Message message = handler.obtainMessage();
                message.what = 0x123;
                message.obj = "操作完成";
                handler.sendMessage(message);
            }
        }).start();
    }
});
```

上述代码中，Handler 消息处理机制首先需要在用户界面（UI）的主线程中创建一个 Handler 对象。随后，在 Button 的单击事件中新建了一个子线程，模拟耗时操作。操作完成后，在子线程中通过调用 Handler 对象的 sendMessage()方法发送消息，最后在 Handler 对象实例的 handleMessage()方法中对消息进行处理，并相应地更新 UI 控件。消息队列查询、发送等操作不需要开发者处理，Android 框架会自动完成此过程。

runOnUiThread

4．runOnUiThread()

除了可以使用上述 Handler 处理 UI 更新的问题，Android 还提供了一种简便的在非 UI 线程更新 UI 控件的方法——runOnUiThread()。runOnUiThread()本质上是调用 post()方法进行消息处理，post()方法与 sendMessage()方法类似，也是一个发送消息的方法。runOnUiThread()方法的实现源代码如下。

```
public final void runOnUiThread(Runnable action){
    if(Thread.currentThread() != mUiThread){
        mHandler.post(action);
    }else{
        action.run ();
    }
}
```

从上述源代码中可以看出，如果当前线程是用户界面（UI）线程，那么操作（action）会立即被执行。然而，如果当前线程并非 UI 线程，那么该操作将会被发送到事件队列，随后由 UI 线程执行。这种机制确保了 UI 操作的正确性和一致性，并有效地管理了并发操作。

使用 runOnUiThread()更新 UI 控件的示例代码如下。

```
button.setOnClickListener(new View.OnClickListener() {
    @Override
    public void onClick(View v) {
```

```
                new Thread(new Runnable() {
                    @Override
                    public void run() {
                        // 模拟耗时操作
                        try {
                            Thread.sleep(5000);
                        } catch (InterruptedException e) {
                            e.printStackTrace();
                        }
                        runOnUiThread(new Runnable() {
                            @Override
                            public void run() {
                                textView.setText("abc");
                            }
                        });
                    }
                }).start();
            }
        });
```

上述代码中，在 Button 单击事件里新建了一个子线程，模拟耗时操作，操作完成后，使用 runOnUiThread()方法更新控件。可以看出使用 runOnUiThread()方法比使用 Handler 更加简便，适合一些简单的需要在非 UI 线程更新 UI 控件的场合。

服务

6.3.3 服务 Service 简介

服务（Service）是指在后台长时间运行的应用组件，它无需与用户进行交互。通常，服务被用于处理长期运行在后台的操作，例如，数据检索、文件上传/下载、网络通信等。即使应用界面被隐藏或用户未与该应用进行交互，服务也能够持续地执行其任务。服务主要用于后台运行或界面被隐藏后仍需运行的情景。

需要注意的是服务也是在主线程运行的，只是没有界面。对于耗时的操作，需要另启子线程进行处理，否则可能会引发 ANR（Application No Response）异常。

1．服务的创建

服务的创建与广播接收者的创建类似，有两种方式：手动创建和自动生成创建。

（1）手动创建

首先，需要创建一个类并继承自 Service 类，然后重写 onBind(Intent intent)方法，这是 Service 绑定时会调用的方法。Service 类创建完成后还需要在 AndroidManifest.xml 文件中注册。

（2）自动生成创建

Android Studio 也提供了便捷的 Service 创建方式。找到 app/java 目录下的包名，右键单击→New→Service→Service（或 Service(IntentService)），弹出的 New Android Component 窗口如图 6-6 所示。其中有四个属性需要指定，其含义与 BroadcastReceiver 类似，不再赘述。此方法创建的 Service 会生成一个 Java 的 Service 模板，并且会在 AndroidManifest.xml 文件中注册。

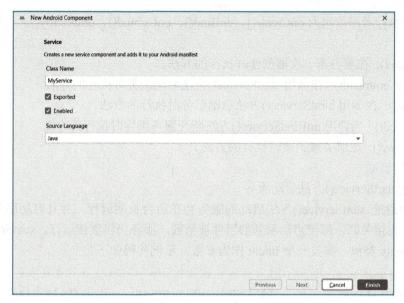

图 6-6 Service 创建窗口

2. 服务的生命周期

服务与 Activity 类似，同样有生命周期，从启动到消亡，但服务的生命周期与启动服务的方式密切相关。服务的启动方式主要有两种：通过调用 startService()方法进行启动，或通过 bindService()方法进行启动。两种启动方式的服务生命周期有差异，如图 6-7 所示。

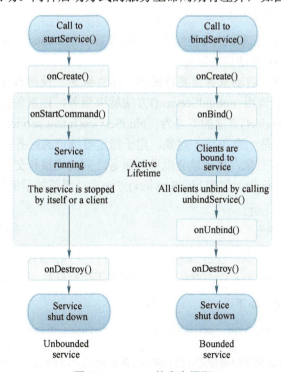

图 6-7 Service 的生命周期

根据图 6-7 可知，当通过 startService()方法启动服务时，其生命周期方法的执行顺序依次为 onCreate()、onStartCommand()、onDestroy()。而当通过 bindService()方法启动服务时，其生命周期方法的执行顺序依次为 onCreate()、onBind()、onUnbind()、onDestroy()。这些生命周期方法介绍如下。

- onCreate()：在服务第一次被创建时执行的方法。
- onStartCommand()：在调用 startService()方法启动服务时执行的方法。
- onBind()：在调用 bindService()方法启动服务时执行的方法。
- onUnbind()：当调用 unBindService()方法断开服务绑定时执行的方法。
- onDestroy()：在服务被销毁时执行的方法。

3. 服务的启动

（1）通过 startService()方法启动服务

在程序中通过 startService()方法启动的服务会在后台长期运行，并且启动服务的组件与服务之间不存在直接关联。即使启动服务的组件被销毁，服务仍将继续运行。startService()启动服务与启动 Activity 类似，需要一个 Intent 作为参数，示例代码如下。

```
//开启服务
Intent intent = new Intent(MainActivity.this, MyService.class);
startService(intent);
```

startService()启动的服务如果需要关闭，需要服务自身调用 stopSelf()方法或者由其他组件调用 stopService()方法来实现。其他组件调用 stopService()方法的示例代码如下。

```
//关闭服务
Intent intent = new Intent(MainActivity.this, MyService.class);
stopService(intent);
```

startService()启动的服务需要执行的操作可以放在服务的 onStartCommand()方法中。

（2）通过 bindService()方法启动服务

使用 bindService()方法启动服务需要将服务与组件绑定，使得程序允许组件与服务进行交互。一旦该组件退出或者调用 unbindService()方法解绑服务，该服务将被销毁。多个组件可以绑定同一个服务。bindService()方法的签名为：bindService(Intent service, ServiceConnection conn, int flags)，其中，service 是一个 Intent 对象，用于指定要绑定的服务的名称和类型；connection 是一个 ServiceConnection 对象，用于建立组件与服务之间的连接和交互；flags 是一个整数，用于指定绑定服务的选项和行为。使用 bindService()方法启动服务的示例代码如下。

```
if (myconn == null) {
    myconn = new MyConn();                              //创建连接服务的对象
}
Intent intent = new Intent(MainActivity.this, MyService.class);
bindService(intent, myconn, BIND_AUTO_CREATE);   //绑定服务
```

MyConn 类的示例代码如下。

```
private class MyConn implements ServiceConnection {
    /**
     * 当成功绑定服务时调用的方法,该方法获取MyService中的Ibinder对象
     */
    @Override
    public void onServiceConnected(ComponentName componentName, IBinder iBinder)
```

```
            myBinder = (MyService.MyBinder) iBinder;
            Log.i("MainActivity", "服务成功绑定,内存地址为:" + myBinder.toString());
        }
        /**
         * 当服务断开连接时调用的方法
         */
        @Override
        public void onServiceDisconnected(ComponentName componentName) {
        }
    }
```

上述代码中，MyConn 类实现了一个 ServiceConnection 接口，该接口中有两个方法需要重写。onServiceConnected()是组件成功绑定服务时会调用的方法，该方法可以获取 Service 中的 iBinder 对象，有了 iBinder 对象即可执行 Service 中的方法；onServiceDisconnected()是组件与服务断开连接时会调用的方法。

6.4 技能实践

6.4.1 开机自启动的设计

【任务目标】

在嵌入式 Android 系统设计中，经常需要设置一个自启动的应用。本任务要求使用 BroadcastReceiver 接收系统开机启动广播，开机启动后自动开启该应用。

【任务分析】

系统启动完成会发送 ACTION_BOOT_COMPLETED 广播，可以使用 BroadcastReceiver 接收此广播来完成本应用。

开机自启动的设计

【任务实施】

1）新建工程项目 AutoBoot（参考项目 1）。

2）新建 BootCompletedReceiver，用来接收 ACTION_BOOT_COMPLETED 广播；找到 app/java 目录下的包名，右键单击→New →Other→BroadcastReceiver，将 Class Name 设置为 BootCompletedReceiver，生成代码后，将 onReceive()方法代码修改为：

代码 6.4.1 BootCompletedReceiver.java

```
    @Override
    public void onReceive(Context context, Intent intent) {
        if(Intent.ACTION_BOOT_COMPLETED.equals(intent.getAction())) {
            Intent intent1 = new Intent(context, MainActivity.class);
```

```
            intent1.setAction("android.intent.action.MAIN");
   intent1.addCategory("android.intent.category.LAUNCHER");
            intent1.setFlags(Intent.FLAG_ACTIVITY_NEW_TASK);
            context.startActivity(intent1);
        }
    }
```

上述代码中，如果接收到 ACTION_BOOT_COMPLETED 广播则启动当前应用的 MainActivity。

3）修改 AndroidManifest，添加接收启动完成的用户权限。代码如下。

```
<uses-permission android:name="android.permission.RECEIVE_BOOT_COMPLETED"/>
```

添加 BootCompletedReceiver 的<intent-filter>属性，使其可以接收 BOOT_COMPLETED 的系统广播。代码如下。

代码 6.4.1 AndroidManifest.xml

```
        <receiver
            android:name=".BootCompletedReceiver"
            android:enabled="true"
            android:exported="true">
            <!-- 接收启动完成的广播 -->
            <intent-filter android:priority="1000">
                <action android:name="android.intent.action.BOOT_COMPLETED" />
            </intent-filter>
        </receiver>
```

4）运行应用，测试自启动功能。由于谷歌在 Android 系统 28 以上（Android P）版本中限制了使用开机自启动功能，因此该应用只能在 Android 系统 28 及 28 以下版本中才能自启动。

6.4.2 模拟加载的设计

【任务目标】

使用进度条、Handler 等模拟一个登录加载的过程，界面如图 6-8 所示。

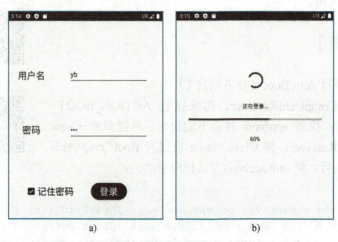

图 6-8 模拟加载界面图

【任务分析】

本任务分为两个界面。第一个界面主要是登录界面,第二个界面是模拟加载页面。登录界面的设计和逻辑处理参考 5.4.1 节保存登录密码的实现。模拟加载页面可以使用约束布局来完成,包括两个 ProgressBar 控件和两个 TextView 控件。

【任务实施】

模拟加载的设计

1)新建工程项目 LoadingSimulator(参考项目 1)。

2)新建第二个 Activity——LoadingActivity,找到 app/java 目录下的包名,右键单击 cn.edu.jssvc.loadingsimulator → New → Activity → Empty Views Activity,修改 Activity 名为 LoadingActivity,layout 名为 activity_loading,其他选项使用默认设置,创建 LoadingActivity。

3)完成登录界面的设计(参考 5.4.1 节保存登录密码的实现);在 5.4.1 节的基础上添加登录跳转到 LoadingActivity 的逻辑。

4)设计页面布局 activity_loading.xml,界面效果如图 6-8 所示。(参考项目 2)

5)实现 LoadingActivity 类的逻辑。该类需要完成控件初始化,模拟加载进度的更新,Handler 消息的发送与接收,ProgressBar 控件、TextView 控件的更新。Handler 接收处理消息的代码如下。

代码 6.4.2 LoadingActivity.java

```
//运行在主线程的Handler,它将监听所有的消息(Message)
handler = new Handler(Looper.getMainLooper(), new Handler.Callback() {
    @Override
    public boolean handleMessage(@NonNull Message msg) {
//接收到另一个线程的Message,得到它的参数,这个参数代表了进度
        switch (msg.what){
            case PROGRESS_VALUE:
                progressBar.setProgress(msg.arg1);
                textViewPersent.setText(msg.arg1 + "%");
                progressBar.setSecondaryProgress(msg.arg1 + 2);
                break;
        }
        return false;
    }
});
//声明一个线程,循环地更新某个值,该值最终将被通过,作为Message 的一个参数发送给主线
//程的 Handler
Thread thread = new Thread(runnable);
//开始异步执行
thread.start();
```

发送消息的代码如下。

```
//接收主线程Handler 的Message
Message msg = handler.obtainMessage();
//将进度值作为消息的参数包装进去,进度自加1
msg.what = PROGRESS_VALUE;
msg.arg1 = progressValue ++;
```

```
    //将消息发送给主线程的Handler
handler.sendMessage(msg);
    //如果进度条100%，表示成功登录，随后退出线程，并跳转到下一个activity
if(progressValue>=100){
    Intent intent = new Intent (LoadingActivity.this,MainActivity.class);
    startActivity(intent);
    //Toast 或者 Dialog 中都有一个名为Handler 的成员变量，在初始化时都会跟着初始化，
    //而 Toast 或者 Dialog 中 Handler 都需要一个 Looper，所以需要在包含该 Toast 或者
    //Dialog 的线程中初始化 Looper
    Looper.prepare();
    Toast.makeText(getApplicationContext(), "登录成功", Toast.LENGTH_SHORT).show();
    Looper.loop();
    //跳转成功后关闭当前的Activity
    LoadingActivity.this.finish();
```

6.4.3 音乐播放器的设计

【任务目标】

设计一个音乐播放器，界面如图 6-9 所示，要求可以实现音乐的播放、暂停、继续播放、停止，并且界面消失后依然可以播放音乐。

图 6-9 音乐播放器界面图

【任务分析】

本任务需要实现音乐的播放、暂停、继续播放等功能，而且要求音乐可以在后台播放，因此涉及后台服务的设计及后台与前台的通信等，需要综合应用 Service、Handler 等知识。

音乐播放器的设计

【任务实施】

1）新建工程项目 MusicPlayer（参考项目 1）。

2）设计如图6-9所示界面，可以使用约束布局（参考项目2）。

3）创建音乐后台播放服务 MusicService。右键单击 cn.edu.jssvc.musicplayer→New→Service→Service，创建名为 MusicService 的服务。在该服务中创建了一个 addTimer()方法用于每隔500ms 更新音乐播放的进度条。同时也需要创建一个 MusicControl 类，在该类中分别使用 play()方法、pausePlay()方法、continuePlay()方法、seekTo()方法实现播放音乐、暂停播放、继续播放以及设置音乐播放进度条的功能，关键代码如下。

代码6.4.3 MusicService.java

```
@Override
public IBinder onBind(Intent intent) {
    return new MusicControl();
}
@Override
public void onCreate() {
    super.onCreate();
    player = new MediaPlayer();      //创建音乐播放器对象
}
public void addTimer() {             //添加计时器用于设置音乐播放器中的播放进度条
    if (timer == null) {
        timer = new Timer();         //创建计时器对象
        TimerTask task = new TimerTask() {
            @Override
            public void run() {
                if (player == null) return;
                int duration = player.getDuration();          //获取歌曲总时长
                int currentPosition = player.getCurrentPosition();
                                                              //获取播放进度
                Message msg = MainActivity.handler.obtainMessage();
                                                              //创建消息对象
                //将音乐的总时长和播放进度封装至消息对象中
                Bundle bundle = new Bundle();
                bundle.putInt("duration", duration);
                bundle.putInt("currentPosition", currentPosition);
                msg.setData(bundle);
                //将消息发送到主线程的消息队列
                MainActivity.handler.sendMessage(msg);
            }
        };
        //开始计时任务后的5ms，第一次执行task任务，以后每隔500ms执行一次
        timer.schedule(task, 5, 500);
    }
}
@Override
public void onDestroy() {
    super.onDestroy();
    if (player == null) return;
    if (player.isPlaying()) player.stop();    //停止播放音乐
    player.release();                         //释放占用的资源
    player = null;                            //将player置为空
}
class MusicControl extends Binder {
```

```java
public void play() {
    try {
        player.reset();                    //重置音乐播放器
        //加载多媒体文件
        player = MediaPlayer.create(getApplicationContext(), R.raw.music);
        player.start();                    //播放音乐
        addTimer();                        //添加计时器
    } catch (Exception e) {
        e.printStackTrace();
    }
}
public void pausePlay() {
    player.pause();                        //暂停播放音乐
}
public void continuePlay() {
    player.start();                        //继续播放音乐
}
public void seekTo(int progress) {
    player.seekTo(progress);               //设置音乐的播放位置
}
```

代码 6.4.3 MainActivity.java

4）MainActivity 类实现了对音乐文件的播放、暂停、继续播放、设置播放进度以及退出音乐播放界面的功能。为了响应音乐播放器界面的四个按钮的单击事件，MainActivity 类需要实现 OnClickListener 接口并重写 onClick() 方法，代码如下。

```java
@Override
public void onClick(View v) {
    if (v.getId() == R.id.buttonPlay) {           //播放按钮点击事件
        musicControl.play();                       //播放音乐
    } else if (v.getId() == R.id.buttonPause) {   //暂停按钮点击事件
        musicControl.pausePlay();                  //暂停播放音乐
    } else if (v.getId() == R.id.buttonContinuePlay) {  //继续播放按钮点击事件
        musicControl.continuePlay();                       //继续播放音乐
    } else if (v.getId() == R.id.buttonExit) {    //退出按钮点击事件
        unbind(isUnbind);                          //解绑服务绑定
        isUnbind = true;                           //完成解绑服务
        finish();                                  //关闭音乐播放界面
    }
}
```

启动服务的代码如下。

```java
intent = new Intent(this, MusicService.class);   //创建意图对象
conn = new MyServiceConn();                       //创建服务连接对象
bindService(intent, conn, BIND_AUTO_CREATE);      //绑定服务
```

服务与主线程通信主要使用 Handler 机制，关键代码如下。

```java
public boolean handleMessage(@NonNull Message msg) {
    Bundle bundle = msg.getData();     //获取从子线程发送过来的音乐播放进度
    int duration = bundle.getInt("duration");//歌曲的总时长
    int currentPostition = bundle.getInt("currentPosition");
```

```
                                                    //歌曲当前进度
        seekBar.setMax(duration);        //设置SeekBar的最大值为歌曲总时长
        seekBar.setProgress(currentPostition);    //设置当前的进度位置
        //歌曲的总时长
        int minute = duration / 1000 / 60;
        int second = duration / 1000 % 60;
        String strMinute;
        String strSecond;
        textViewTotal.setText(strMinute + ":" + strSecond);
        //歌曲当前播放时长
        minute = currentPostition / 1000 / 60;
        second = currentPostition / 1000 % 60;
        textViewProgress.setText(strMinute + ":" + strSecond);
        return false;
    }
});
```

6.5 理论测试

1. 单选题

（1）下列关于 Android 广播的说法中，错误的是（　　）。
   A．广播接收者必须在清单文件里注册
   B．有序广播可以被拦截
   C．系统广播是 Android 系统内置的一种广播机制
   D．动态注册广播接收者时，可以使用 setPriority()方法设置优先级别，优先值越大，优先级越高

（2）下列方法中（　　）不是服务的生命周期方法。
   A．onCreate()   B．onStart()
   C．onUnbind()   D．onBind()

（3）关于 Android 中的 Handler，下列说法错误的是（　　）。
   A．sendMessage()是发送消息的方法
   B．post()是获取消息的方法
   C．obtainMessage()是获取消息的方法
   D．handleMessage()是处理消息的方法

（4）下列关于服务的说法错误的是（　　）。
   A．Service 不能与用户直接交互
   B．调用 bindService()方法启动的服务断开绑定时执行的方法是 onUnbind()
   C．Service 可以通过 bindService()来启动
   D．Service 无须在清单文件中进行配置

2. 多选题

（1）Android 中的广播按接收顺序可以分为（　　）。
   A．有序广播   B．无序广播
   C．乱序广播   D．倒序广播

（2）Android 中广播的注册方式有（　　）。
　　A．静态注册　　　　　　　　　B．手动注册
　　C．自动注册　　　　　　　　　D．动态注册
（3）服务的启动方式有（　　）。
　　A．通过 startService()方法启动　　B．通过 createService()方法启动
　　C．通过 bindService()方法启动　　D．通过 playService()方法启动
（4）开发 Android 应用时，需遵守单线程模型的原则是指（　　）。
　　A．尽量在 UI 线程中完成所有操作
　　B．确保在 UI 线程中只访问 Android UI 控件
　　C．和 UI 更新有关的操作都可以放到 UI 线程中进行，包括后台数据下载等
　　D．不要阻塞 UI 线程

6.6 项目演练

1. 手机电量提醒的实现

当电池电量降至过低水平时，系统将发送"ACTION_BATTERY_LOW"广播，通过 BroadcastReceiver 监听这个广播，提示用户及时充电。

2. 行程轨迹的设计

如图 6-10 所示，设计行程轨迹应用，根据用户输入信息模拟查询行程轨迹，当输入为 1 时显示绿码，当输入为其他值时，显示黄码。

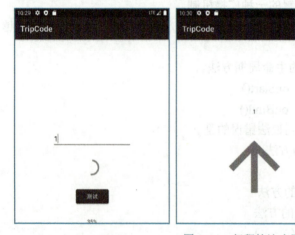 

图 6-10　行程轨迹应用界面

3. 模拟大文件下载

模拟大文件下载，应用隐藏后要求下载还能运行，并能在通知栏看到下载进度。

6.7 项目小结

Android 应用不仅有大家看得见的前台，还有很多隐藏的后台默默地发挥着作用，前台和后台相互配合，构成了一个个强大的 App。本项目主要介绍了 Android 中的一些后台技术，包

括广播接收者、线程间通信、服务等。

本项目介绍的后台技术在程序调试时往往比前台技术更复杂、更难以发现问题，开发者需要有足够的耐心和锲而不舍的精神。在 Android 应用开发过程中，可能会遇到各种预料之外的问题和挑战，开发者需要具备不轻易放弃、不断追求卓越、持续努力地解决问题和克服困难的品质，这些品质是成为一个优秀开发者的必备条件。

6.8 项目拓展

远程服务通信

在 Android 应用中，服务的通信方式主要有两种：本地服务通信和远程服务通信。本地服务通信是指应用程序内部的通信，而远程服务通信则是指两个应用程序之间的通信。本项目介绍的服务通信即是本地服务通信。远程服务通信又称为跨进程通信，Android 提供了 AIDL（Android Interface Definition Language，Android 接口定义语言）来实现远程服务通信。

AIDL 是一种接口定义语言，其语法较为简洁，主要用于定义两个进程之间的通信接口。尽管 AIDL 的语法与 Java 接口很相似，但仍存在一些差异。首先，AIDL 定义接口的源代码必须以.aidl 为文件扩展名；其次，在 AIDL 接口中使用的数据类型，除了基本类型、String、List、Map 和 CharSequence 之外，其他类型都需要导入相应的包，即使这些类型在同一包中也需要导入。

项目 7　蓝牙小车——蓝牙通信

7.1　项目场景

蓝牙技术，这个魔法般的无线通信技术，正在电子设备领域里发挥着无穷的魅力。通过蓝牙，设备之间可以自由地进行无线沟通，极大地提升了用户体验的便利性。当你戴上蓝牙耳机，打开音乐播放器，那美妙的旋律就会通过蓝牙信号在耳边轻轻流淌。或者当你拿起蓝牙鼠标，轻轻地移动，屏幕上的光标就会灵动地响应。这一切都是那么自然，那么轻松。蓝牙技术静静地在各类电子设备中发挥着作用，让人们的生活更加便捷，更加美好。

7.2　学习目标

1）了解蓝牙技术。
2）掌握 Android 经典蓝牙 API 的使用。
3）掌握 Android 低功耗蓝牙 API 的使用。

7.3　知识学习

蓝牙技术是目前备受推崇的短距离通信技术，广泛应用于手机和计算机等设备中。自 1999 年首个蓝牙版本面世以来，蓝牙技术已经发展了二十余年，从蓝牙 1.0 逐步演进至蓝牙 5.3，具备更高的性能和更丰富的功能。各蓝牙版本均遵循向下兼容的原则。当前，蓝牙版本主要分为经典蓝牙和低功耗蓝牙两种。

低于 3.0 版本的蓝牙被归类为经典蓝牙，其特点是功耗相对较高，可传输较大的数据量，但传输距离较近，仅为 10m 左右。4.0 及以上的蓝牙版本被称为低功耗蓝牙（BLE），数据量较小，传输距离在 50~300m 范围。随着版本的升级，蓝牙技术在保持通信稳定性和可靠性、提高数据传输速率的同时，也进一步降低了功耗，为各类电子设备提供了更为高效节能的通信解决方案。

Android 4.3 及更高版本对经典蓝牙和低功耗蓝牙都提供了支持，然而，这两种蓝牙技术的 API 是不同的。如果尝试用低功耗蓝牙 API 的方法连接经典蓝牙设备，将无法成功建立连接。目前，许多设备仍然在使用经典蓝牙技术。

经典蓝牙通信

7.3.1　经典蓝牙通信

完整的经典蓝牙通信的流程如图 7-1 所示，包括打开蓝牙、发现设备、配对/绑定设备、建立连接、数据通信、关闭连接。

图 7-1 经典蓝牙通信流程

Android 中提供了经典蓝牙通信的 API，主要有：

1）BluetoothAdapter：本地蓝牙适配器，是所有蓝牙交互的入口点，表示蓝牙设备自身的一个蓝牙设备适配器，整个系统只有一个蓝牙适配器。通过它可以发现其他蓝牙设备，查询绑定（配对）设备的列表，使用已知的 Mac 地址实例化 BluetoothDevice，以及创建 BluetoothServerSocket 用来侦听来自其他设备的通信。

2）BluetoothDevice：表示远程的蓝牙设备。利用它可以通过 BluetoothSocket 请求与某个远程设备建立连接，或查询有关该设备的信息，如设备的名称、地址、绑定状态等。

3）BluetoothSocket：表示蓝牙套接字接口（与 TCP Socket 相似）。Android 应用可通过 InputStream 和 OutputStream 与其他蓝牙设备交换数据。

4）BluetoothServerSocket：表示用于侦听传入请求的服务器套接字（类似于 TCP ServerSocket）。要连接两台 Android 设备，其中一台设备必须使用此类开发一个服务器套接字。当一台远程蓝牙设备向此设备发出连接请求时，BluetoothServerSocket 将会在接受连接后返回已连接的 BluethoothSocket。

具体操作方法介绍如下。

（1）获取 BluetoothAdapter 对象

使用 BluetoothAdapter.getDefaultAdapter()方法即可以获取该对象，示例代码如下。

```java
public BluetoothAdapter getBluetoothAdapter() {
    if (bluetoothAdapter != null) {
        return bluetoothAdapter;
    } else {
        bluetoothAdapter = BluetoothAdapter.getDefaultAdapter();
        return bluetoothAdapter;
    }
}
```

（2）打开/关闭蓝牙

判断蓝牙是否开启的方法是 bluetoothAdapter.isEnabled()。

打开蓝牙的方式有异步和同步两种方式。异步自动开启蓝牙是调用 bluetoothAdapter.enable()方法，该方法打开蓝牙不会弹出提示，且蓝牙不会立即处于开启状态。同步提示开启蓝牙的方式是打开一个 Intent：BluetoochAdapter.ACTION_REQUEST_ENABLE。

同步开启蓝牙的示例代码如下。

```java
public void openBlueTooth(Activity activity) {
    if (!bluetoothAdapter.isEnabled()) {
        Intent enableIntent = new Intent(
                BluetoothAdapter.ACTION_REQUEST_ENABLE);
        activity.startActivityForResult(enableIntent, REQUEST_ENABLE_BT);
    } else {
      Toast.makeText(activity, "蓝牙已打开", Toast.LENGTH_SHORT).show();
    }
}
```

关闭蓝牙的方法是 bluetoothAdapter.disable()。

（3）扫描设备

开始扫描设备的方法是 bluetoothAdapter.startDiscovery()。扫描是在后台进行的，需要利用广播接收者接收扫描结果，扫描设备过程中，扫描开始、扫描结束、发现设备，均会有相应的广播发出。接收发现蓝牙设备和蓝牙设备扫描结束的广播接收者示例代码如下。

```java
        private final BroadcastReceiver bluetoothReceiver = new BroadcastReceiver() {
            @Override
            public void onReceive(Context context, Intent intent) {
                String action = intent.getAction();                    //获取蓝牙设备
                if (BluetoothDevice.ACTION_FOUND.equals(action)) {     //发现设备
                    BluetoothDevice device = intent.getParcelableExtra(BluetoothDevice.EXTRA_DEVICE);
                    assert device != null;
                    if (device.getBondState() != BluetoothDevice.BOND_BONDED) {
                                                                        //如果设备未绑定
                        listAdapter.add(device.getName() + "\n" + device.getAddress());
                    }
                } else if (BluetoothAdapter.ACTION_DISCOVERY_FINISHED.equals(action)) { //扫描设备结束
                    if (listAdapter.getCount() == 0) {       //没有设备
                        Toast.makeText(BluetoothDeviceListActivity.this, "没有设备", Toast.LENGTH_SHORT).show();
                    }
                }
            }
        };
```

取消扫描设备的方法是 cancelDiscovery()。

（4）连接设备

可以通过设备地址连接蓝牙。首先调用 getRemoteDevice()方法获取蓝牙设备，然后调用 device.createRfcommSocketToServiceRecord()方法获取 bluetoothSocket，在连接前需要调用 cancelDiscovery()方法取消扫描，最后调用 connect()方法进行连接。连接设备的示例代码如下。

```java
        public boolean connectThread(String address) {
            try {
                BluetoothDevice device = getBluetoothAdapter().getRemoteDevice(address);
                bluetoothSocket = device.createRfcommSocketToServiceRecord(MY_UUID);
                bluetoothAdapter.cancelDiscovery();
                bluetoothSocket.connect();
                connectStatus = true;           //连接成功
                new Thread(new Runnable() {     //接收数据线程
                    @Override
                    public void run() {
                      //接收数据线程
                    }
                }).start();
            } catch (IOException e) {
                connectStatus = false;          //连接失败
                try {
```

```
                    bluetoothSocket.close();
                } catch (IOException e2) {
                    e.printStackTrace();
                }
            }
            return connectStatus;
        }
```

（5）蓝牙数据收发（读写）

"收"即读数据，使用 read()方法，示例代码如下。

```
        int bytes;
        byte[] buffer = new byte[256];
        while (true) {
           if(bluetoothSocket != null && bluetoothSocket.isConnected()){
             try { // 接收数据
               bytes = bluetoothSocket.getInputStream().read(buffer);
               final String readStr = new String(buffer, 0, bytes);  //读出的数据
             } catch (IOException e) {
                e.printStackTrace();
             }
           }
        }
```

"发"即写数据，使用 write()方法，示例代码如下。

```
        public void write(String str) {
            if (connectStatus) {
                byte[] buffer = str.getBytes();
                try {
                    bluetoothSocket.getOutputStream().write(buffer);
                } catch (IOException e) {
                    e.printStackTrace();
                }
            }
        }
```

经典蓝牙通信还需要获取 Android 设备的蓝牙使用和管理权限，在 AndroidManifest 文件中添加使用和管理蓝牙的权限。代码如下。

```
        <uses-permission android:name="android.permission.BLUETOOTH"/>
        <uses-permission android:name="android.permission.BLUETOOTH_ADMIN"/>
```

7.3.2 低功耗蓝牙通信

相较于传统蓝牙技术，低功耗蓝牙（BLE）的主要优势在于其显著的能耗降低。这一特性使得 Android 应用程序能够与一系列对能耗有着严格要求的 BLE 设备（如智能手环、蓝牙耳机、近程传感器、心率监测器等）进行高效通信。此外，BLE 除了广泛应用于邻近设备间进行少量的数据传输之外，还可以与近程传感器进行交互，为其当前所处位置提供个

低功耗蓝牙通信

性化的服务。

Android 应用中低功耗蓝牙通信的流程与经典蓝牙通信流程类似，但是它们所使用的 API 并不完全相同。在 Android 4.3 版本（API 级别 18）中，为了充分发挥蓝牙低功耗（BLE）技术的核心作用，引入了内置系统支持，并提供相应的 API，使得应用程序可以方便地发现设备、查询服务和传输信息。这些改进使得 Android 系统对于低功耗蓝牙通信具有较强的支持能力，并为各类应用提供了更加广阔的使用空间。

值得关注的是，当用户利用低功耗蓝牙（BLE）将其 Android 设备与其他设备进行配对时，用户设备上的所有应用程序均可访问这两个设备间传输的数据。因此，若应用使用的数据对安全性有要求，那么应在应用层对数据进行加密，确保安全。

1. 关键术语和概念

通用属性配置文件（Generic Attribute Profile，GATT）。GATT 被视为一种通用的规范，其主要内容是针对在 BLE 链路上发送和接收简短数据片段的特性，这些数据片段被称为"属性"。当前，所有低功耗应用配置文件均以 GATT 为基础。蓝牙特别兴趣小组（Bluetooth SIG）为低功耗设备定义了多种配置文件，这些配置文件作为规范描述了设备在特定应用中应如何工作，具有极为重要的意义。需要注意的是，一台设备可以实现多个配置文件。例如，一台设备可能同时包含用于监测心率和电池电量的应用。

在 BLE 连接中，存在两种核心角色：中央设备（Central）和外围设备（Peripheral）。在建立连接的过程中，中央设备负责扫描和寻找可连接的外围设备，而外围设备则负责广播自身以被中央设备发现。因此，在 BLE 连接中，必须有一个设备扮演中央角色，另一个设备扮演外围角色。

当两个蓝牙设备建立连接后，它们使用 GATT 协议进行通信。在 GATT 协议中，存在两种核心角色：GATT 服务器（GATT Server）和 GATT 客户端（GATT Client）。在建立连接后，这两个角色决定了两个设备如何相互通信。

为了更好地理解这两者的区别，可以设想一个具体的示例。假设你有一部 Android 手机和一个活动追踪器，活动追踪器是一个 BLE 设备。在这个场景中，手机支持中央角色，它可以扫描并找到活动追踪器；而活动追踪器支持外围角色，它会发出广播以便手机发现并与其建立连接。

一旦手机和活动追踪器建立连接，它们就可以开始相互传输 GATT 数据。根据传输数据的类型，其中一个设备会充当 GATT 服务器。例如，如果活动追踪器需要将传感器数据发送给手机，那么活动追踪器就会成为 GATT 服务器。相反，如果活动追踪器需要从手机接收更新，那么手机就会成为 GATT 服务器。简言之，GATT 协议允许 BLE 设备在建立连接后以特定的方式相互通信，其中涉及的角色和职责明确且灵活。

本书介绍的示例中，Android 应用是 GATT 客户端，从 GATT 服务器获取数据，GATT 服务器在蓝牙设备上。如果要将 Android 应用充当 GATT 服务器角色，需要查阅 BluetoothGattServer 类的用法。

2. Android 中 BLE 蓝牙的使用

（1）配置 BLE 使用权限

BLE 蓝牙的使用需要在 AndroidManifest 中配置一些权限，常见的蓝牙权限配置代码如下。

```
<uses-permission android:name="android.permission.BLUETOOTH" />
<uses-permission android:name="android.permission.BLUETOOTH_ADMIN" />
<uses-permission android:name="android.permission.ACCESS_FINE_LOCATION" />
<uses-permission android:name="android.permission.ACCESS_COARSE_LOCATION" />
```

```
<uses-permission android:name="android.permission.BLUETOOTH_CONNECT" />
<uses-permission android:name="android.permission.BLUETOOTH_SCAN" />
```

上述权限中,BLUETOOTH 是使用蓝牙的权限,BLUETOOTH_ADMIN 是启动设备发现或操纵蓝牙的权限。BLE 蓝牙通常与位置相关联,因此经常需要声明 ACCESS_FINE_LOCATION 和 ACCESS_COARSE_LOCATION 权限。此外,还有蓝牙连接 BLUETOOTH_CONNECT 和蓝牙扫描 BLUETOOTH_SCAN 的权限。

如果需要声明应用仅适用于支持 BLE 的设备,则需要在 AndroidManifest 中添加以下代码内容。

```
<uses-feature android:name="android.hardware.bluetooth_le" android:required="true"/>
```

如果希望应用适用于不支持 BLE 的设备,则仍需将此代码添加到应用清单中,并设置 required="false"。

(2)启用 BLE

1)首先要获取 BluetoothAdapter。BluetoothAdapter 是 Android 设备自身的蓝牙适配器,整个系统只有一个蓝牙适配器。可以使用 getSystemService()返回 BluetoothManager 的实例,然后使用该实例获取适配器。代码如下。

```
// Initializes Bluetooth adapter.
final BluetoothManager bluetoothManager =
        (BluetoothManager) getSystemService(Context.BLUETOOTH_SERVICE);
bluetoothAdapter = bluetoothManager.getAdapter();
```

2)调用 isEnabled(),以检查当前是否已启用蓝牙。如果此方法返回 false,则表示蓝牙处于停用状态。以下代码段会检查蓝牙是否已启用。如果并未启用,则代码段会显示错误,提示用户前往 Settings 启用蓝牙。

```
// Ensures Bluetooth is available on the device and it is enabled. If not,
// displays a dialog requesting user permission to enable Bluetooth.
if (bluetoothAdapter == null || !bluetoothAdapter.isEnabled()) {
    Intent enableBtIntent = new Intent(BluetoothAdapter.ACTION_REQUEST_ENABLE);
    startActivityForResult(enableBtIntent, REQUEST_ENABLE_BT);
}
```

(3)查找 BLE 设备

查找 BLE 设备可以使用 startLeScan()方法。此方法将 LeScanCallback 作为参数,在 LeScanCallback 回调方法中会返回扫描的结果。扫描非常耗电,建议找到所需设备后,立即停止扫描。此外,应设置扫描时间限制,不要进行循环扫描。

以下代码段展示如何启动和停止扫描。

```
private void scanLeDevice(final boolean enable) {
    if (enable) {
        // Stops scanning after a pre-defined scan period.
        handler.postDelayed(new Runnable() {
            @Override
            public void run() {
                mScanning = false;
```

```
            bluetoothAdapter.stopLeScan(leScanCallback);
        }
    }, SCAN_PERIOD);
    mScanning = true;
    bluetoothAdapter.startLeScan(leScanCallback);
} else {
    mScanning = false;
    bluetoothAdapter.stopLeScan(leScanCallback);
}
```

如果需要扫描特定类型的外围设备，可调用 startLeScan(UUID[], BluetoothAdapter.LeScanCallback)，它会提供一组 UUID 对象，用于指定应用支持的 GATT 服务。

以下是 BluetoothAdapter.LeScanCallback 的实现，用于传递 BLE 扫描结果并更新界面。

```
private BluetoothAdapter.LeScanCallback leScanCallback =
    new BluetoothAdapter.LeScanCallback() {
        @Override
        public void onLeScan(final BluetoothDevice device, int rssi,
                             byte[] scanRecord) {
            runOnUiThread(new Runnable() {
                @Override
                public void run() {
                    leDeviceListAdapter.addDevice(device);
                    leDeviceListAdapter.notifyDataSetChanged();
                }
            });
        }
    };
```

值得注意的是，上述代码只能用于扫描 BLE 蓝牙设备，不能同时对 BLE 蓝牙设备和传统蓝牙设备进行扫描。

（4）连接到 GATT 服务器

在与 BLE 设备进行交互之前，首先需要连接到 GATT 服务器，主要是 BLE 蓝牙设备上特定的 GATT 服务器。Android 应用可以使用 connectGatt()方法来进行连接，该方法需要三个参数：一个 Context 对象、autoConnect（布尔值，用于指示是否在可用时自动将应用连接到 BLE 设备）以及 BluetoothGattCallback。示例代码如下。

```
bluetoothGatt = device.connectGatt(this, false, bluetoothGattCallback);
```

上述代码将连接由 BLE 设备托管的 GATT 服务器，并返回一个可以执行 GATT 客户端操作的 BluetoothGatt 实例。Android 应用在此扮演了 GATT 客户端的角色。BluetoothGattCallback 用于向客户端传递结果（如连接状态）以及针对 GATT 客户端的进一步操作。BluetoothGattCallback 的示例代码如下。

```
private final BluetoothGattCallback gattCallback =
    new BluetoothGattCallback() {
        @Override
        public void onConnectionStateChange(BluetoothGatt gatt, int status,
                                            int newState) {
```

```
                String intentAction;
                if (newState == BluetoothProfile.STATE_CONNECTED) {
                    intentAction = ACTION_GATT_CONNECTED;
                    connectionState = STATE_CONNECTED;
                    broadcastUpdate(intentAction);
                    Log.i(TAG, "Connected to GATT server.");
                    Log.i(TAG, "Attempting to start service discovery:" +
                            bluetoothGatt.discoverServices());
                } else if (newState == BluetoothProfile.STATE_DISCONNECTED) {
                    intentAction = ACTION_GATT_DISCONNECTED;
                    connectionState = STATE_DISCONNECTED;
                    Log.i(TAG, "Disconnected from GATT server.");
                    broadcastUpdate(intentAction);
                }
            }
            @Override
            // 发现了新的服务
        public void onServicesDiscovered(BluetoothGatt gatt, int status) {
                if (status == BluetoothGatt.GATT_SUCCESS) {
                    broadcastUpdate(ACTION_GATT_SERVICES_DISCOVERED);
                } else {
                    Log.w(TAG, "onServicesDiscovered received: " + status);
                }
            }
            @Override
            // 处理收到的特征值
            public void onCharacteristicRead(BluetoothGatt gatt,
        BluetoothGattCharacteristic characteristic, int status) {
                if (status == BluetoothGatt.GATT_SUCCESS) {
                    broadcastUpdate(ACTION_DATA_AVAILABLE, characteristic);
                }
            }
        };
```

（5）读取 BLE 属性

当 Android 应用成功连接到 GATT 服务器并发现服务后，应用便可读取和写入属性。

（6）接收 GATT 通知

BLE 应用通常会要求 BLE 设备上的特定特征发生变化时能收到通知。使用 setCharacteristic-Notification()方法可以设置特征变化的通知。代码如下。

```
        private BluetoothGatt bluetoothGatt;
        BluetoothGattCharacteristic characteristic;
        boolean enabled;
        bluetoothGatt.setCharacteristicNotification(characteristic, enabled);
        BluetoothGattDescriptor descriptor = characteristic.getDescriptor(
        UUID.fromString(SampleGattAttributes.CLIENT_CHARACTERISTIC_CONFIG));
        descriptor.setValue(BluetoothGattDescriptor.ENABLE_NOTIFICATION_VALUE);
        bluetoothGatt.writeDescriptor(descriptor);
```

在启用针对特定特征的通知后，一旦远程设备上的该特征发生更改，就会触发

onCharacteristicChanged()回调函数。

(7) 关闭客户端应用

在应用程序完成对 BLE 设备的使用后,应调用 close()方法,以便系统可以适当地释放资源。代码如下:

```
public void closeBLE() {
    if (bluetoothGatt == null) {
        return;
    }
    bluetoothGatt.close();
    bluetoothGatt = null;
}
```

7.4 技能实践

7.4.1 蓝牙流水灯 App 的实现

【任务目标】

设计一个蓝牙流水灯,使用该 App 控制单片机上的流水灯,单片机使用的蓝牙是经典蓝牙,App 的界面如图 7-2 所示。

图 7-2 蓝牙流水灯 App 界面

【任务分析】

蓝牙流水灯 App 需要与单片机配合通信,单片机使用的是经典蓝牙,所以 App 也需要使用经典蓝牙 API 来设计，另外通信的指令也需要和单片机配合，单片机端需要对指令进行解析。

1）新建工程项目 BluetoothLamp（参考项目 1）。

2）在 AndroidManifest.xml 中添加蓝牙相关权限。代码如下。

蓝牙流水灯 App 的实现

```
<uses-permission android:name="android.permission.BLUETOOTH" />
<uses-permission android:name="android.permission.BLUETOOTH_ADMIN" />
<uses-permission android:name="android.permission.BLUETOOTH_CONNECT" />
<uses-permission android:name="android.permission.BLUETOOTH_SCAN" />
```

3）设计主界面 activity_main.xml、蓝牙设备列表界面 activity_list.xml，设备名 Item 界面 device_name.xml。主界面如图 7-2 所示；蓝牙设备列表界面如图 7-3 所示，由 TextView、ListView、Button 构成；设备名 Item 是个 TextView。

4）设计 MainActivity。MainActivity 需要完成的功能包括三个部分：第一个是蓝牙打开、连接等逻辑；第二个是指令发送 Button 的逻辑，包括"开灯""关灯""花色 1""花色 2""发送" Button 的响应；第三个是接收区数据的显示。打开蓝牙、连接蓝牙等操作放在"蓝牙连接"的 Button 单击事件弹出的菜单里，如图 7-4 所示。

代码 7.4.1 MainActivity.java

图 7-3 蓝牙设备列表界面　　图 7-4 蓝牙连接弹出的 popupMenu

单击"蓝牙连接" Button 会弹出菜单 popupMenu，该菜单绑定了"蓝牙连接" Button。"蓝牙连接" Button 的相关代码如下。

```
// 创建popupmenu对象，第一个参数是context，第二个参数是view对象
PopupMenu popupMenu = new PopupMenu(MainActivity.this, buttonConn);
// 加载菜单资源
popupMenu.getMenuInflater().inflate(R.menu.main, popupMenu.getMenu());
buttonConn.setOnClickListener(new View.OnClickListener() {
    @Override
```

```
            public void onClick(View arg0) {
                popupMenu.show();
            }
        });
```

R.menu.main 是弹出菜单的选项,代码如下。

```xml
        <menu xmlns:android="http://schemas.android.com/apk/res/android">
            <item
                android:id="@+id/open"
                android:title="打开蓝牙"/>
            <item
                android:id="@+id/scan"
                android:title="扫描设备"/>
            <item
                android:id="@+id/disconnect"
                android:title="断开连接"/>
        </menu>
```

弹出菜单选项的单击事件主要处理打开蓝牙、扫描设备、断开连接等蓝牙相关操作,代码如下。

```java
        // 弹出菜单选项监听器
        popupMenu.setOnMenuItemClickListener(new PopupMenu.OnMenuItemClickListener() {
            @Override
            public boolean onMenuItemClick(MenuItem item) {
                switch (item.getItemId()) {
                    case R.id.open:              // 打开蓝牙设备
                        if (!mBtAdapter.isEnabled()) {Intent enableIntent = new Intent(BluetoothAdapter.ACTION_REQUEST_ENABLE);
                            if(ActivityCompat.checkSelfPermission(MainActivity.this, android.Manifest.permission.BLUETOOTH_CONNECT) != PackageManager.PERMISSION_GRANTED) {Toast.makeText(MainActivity.this, "请打开蓝牙相关权限!", Toast.LENGTH_SHORT).show();
                                return true;
                            }
                            startActivityForResult(enableIntent, REQUEST_ENABLE_BT);
                        } else {Toast.makeText(MainActivity.this, "蓝牙已打开", Toast.LENGTH_SHORT).show();
                        }
                        break;
                    case R.id.scan:              // 扫描设备
                        if (!mBtAdapter.isEnabled()) {
                            Toast.makeText(MainActivity.this, "未打开蓝牙", Toast.LENGTH_SHORT).show();
                        } else {Intent serverIntent = new Intent(MainActivity.this, ListActivity.class);
                            startActivityForResult(serverIntent, REQUEST_CONNECT_DEVICE);
                        }
                        break;
                    case R.id.disconnect:  // 断开连接
```

```
                if (!CONNECT_STATUS) {Toast.makeText(MainActivity.this, "无
连接", Toast.LENGTH_SHORT).show();
                } else {Toast.makeText(MainActivity.this, "已断开连接", Toast.
LENGTH_SHORT).show();
                    cancelconnect();
                }
                break;
            }
            return true;
        }
    });
```

连接蓝牙设备的代码如下。

```
    // 连接蓝牙设备
    public void ConnectThread(BluetoothDevice device) {
        try {
            mmSocket = device.createRfcommSocketToServiceRecord(MY_UUID);
            mBtAdapter.cancelDiscovery();        //取消设备扫描
            mmSocket.connect();             //设备连接
            Toast.makeText(MainActivity.this, "连接成功", Toast.LENGTH_LONG).show();
            CONNECT_STATUS = true;
            // 接收数据进程
            ReceiveData receivethread = new ReceiveData();//开启接收数据服务
            receivethread.start();
        } catch (IOException e) {
            Toast.makeText(MainActivity.this, "连接失败", Toast.LENGTH_SHORT).show();
            CONNECT_STATUS = false;
            try {
                mmSocket.close();
            } catch (IOException e2) {
                e.printStackTrace();
            }
        }
    }
```

取消蓝牙设备连接的代码如下。

```
    // 取消蓝牙设备连接
    public void cancelconnect() {
        try {
            mmSocket.close();
            CONNECT_STATUS = false;
        } catch (IOException e) {
            e.printStackTrace();
        }
    }
```

Activity 返回结果有两种情况需要处理。一个是连接设备后的返回，另一个是打开蓝牙后的返回，具体代码如下。

```
    //Activity 返回结果处理
    @Override
```

```java
public void onActivityResult(int requestCode, int resultCode, Intent data) {
    super.onActivityResult(requestCode, resultCode, data);
    if (requestCode == REQUEST_CONNECT_DEVICE) {
        // 当DeviceListActivity返回与设备连接的消息
        if (resultCode == Activity.RESULT_OK) {
            // 得到连接设备的MAC
            String address = data.getExtras().getString(
                ListActivity.EXTRA_DEVICE_ADDRESS, "");
            // 得到BLuetoothDevice对象
            if (!TextUtils.isEmpty(address)) {
                //开始连接蓝牙
                BluetoothDevice device = mBtAdapter.getRemoteDevice(address);
                ConnectThread(device);
            }
        }
    }else if (requestCode == REQUEST_ENABLE_BT){
        //同意开启蓝牙或拒绝开启蓝牙的返回
        if (resultCode == 0){  //拒绝开启蓝牙，提示用户开启蓝牙后使用
            Toast.makeText(MainActivity.this, "请打开蓝牙后再使用！", Toast.LENGTH_SHORT).show();
        } else if (resultCode == -1) {  //同意开启蓝牙，打开蓝牙
            Toast.makeText(MainActivity.this, "蓝牙已打开", Toast.LENGTH_SHORT).show();
        }
    }
}
```

指令发送 Button 的逻辑，包括 "开灯" "关灯" "花色 1" "花色 2" "发送" Button 的响应，这些代码比较简单。需要注意的是发送的指令需要和蓝牙设备端协商一致，蓝牙设备端接收到相关指令后需要做出相应的响应。以下是 "发送" Button 的单击事件，首先需要获取 EditText 的输入，随后将其发送出去，其他 Button 的处理类似，不再赘述。

```java
buttonSend.setOnClickListener(new View.OnClickListener() {// 发送数据
    @Override
    public void onClick(View arg0) {
        String msg = editTextSend.getText().toString();
        if (CONNECT_STATUS) {
            write(msg);
        } else {
            Toast.makeText(getApplicationContext(), "请先连接蓝牙", Toast.LENGTH_SHORT).show();
        }
    }
});

// 发送数据
public static void write(String str) {
    if (CONNECT_STATUS) {
        byte[] buffer = str.getBytes();
        try {
            mmOutStream = mmSocket.getOutputStream();
```

```
            mmOutStream.write(buffer);
        } catch (IOException e) {
            e.printStackTrace();
        }
    }
}
```

5）设计 ListActivity。ListActivity 主要用于显示扫描设备，并返回扫描设备的设备名和地址。ListActivity 界面上的主要控件是显示设备的 ListView 和"扫描设备"的 Button。"扫描设备"的 Button 用于启动蓝牙设备扫描，主要调用 bluetoothAdapter 的 startDiscovery()方法，开始扫描设备，其代码如下。

代码 7.4.1 ListActivity.java

```
buttonScan.setOnClickListener(new OnClickListener() {
    @Override
    public void onClick(View arg0) {
        if (ActivityCompat.checkSelfPermission(ListActivity.this, android.
Manifest.permission.BLUETOOTH_SCAN) != PackageManager.PERMISSION_GRANTED) {
            Toast.makeText(ListActivity.this,"请打开蓝牙相关权限！",Toast.
LENGTH_SHORT).show();
            return;
        }
        bluetoothAdapter.startDiscovery();
    }
});
```

启动扫描设备后，一旦扫描到设备，Android 系统会发出 BluetoothDevice.ACTION_FOUND 的广播，扫描结束会发出 BluetoothAdapter.ACTION_DISCOVERY_FINISHED 的广播，需要启动一个广播接收者接收这两个广播。此外，扫描发现的设备，如果该设备不在列表中，则需要添加到设备列表中。该广播接收者的代码如下。

```
private final BroadcastReceiver mReceiver = new BroadcastReceiver() {
    @Override
    public void onReceive(Context context, Intent intent) {
        String action = intent.getAction();//获取蓝牙设备
        if (BluetoothDevice.ACTION_FOUND.equals(action)) {
            BluetoothDevice device = intent.getParcelableExtra(BluetoothDevice.
EXTRA_DEVICE);
            if (device.getBondState() != BluetoothDevice.BOND_BONDED) {
                listAdapter.add(device.getName() + "\n" + device.getAddress());
            }
        } else if (BluetoothAdapter.ACTION_DISCOVERY_FINISHED.equals(action)) {
            if (listAdapter.getCount() == 0) {
                Toast.makeText(ListActivity.this, "没有设备", Toast.LENGTH_
SHORT).show();
            }
        }
    }
};
```

之前已经绑定的设备，不需要扫描，直接显示在蓝牙设备列表中，代码如下。

```java
public void displayDevice() {
    //显示已配对的设备
        Set<BluetoothDevice> pairedDevices = bluetoothAdapter.getBondedDevices();
        if (pairedDevices.size() > 0) {
            for (BluetoothDevice device : pairedDevices) {
                listAdapter.add(device.getName() + "\n" + device.getAddress());
            }
        } else {
            listAdapter.add("没有已配对设备");
        }
    }
```

用户单击需要连接的设备后，需要将该设备的设备名和设备地址返回给 MainActivity，代码如下。

```java
//选择连接设备
    listViewDevice.setOnItemClickListener(new OnItemClickListener() {
        @Override
        public void onItemClick(AdapterView<?> arg0, View v, int arg2,
                    long arg3) {
            String info = ((TextView) v).getText().toString();
            if (info.equals("没有已配对设备")) {
                Toast.makeText(getApplicationContext(), "没有已配对设备", Toast.LENGTH_LONG).show();
            } else {
                String address = info.substring(info.length() - 17);
                Intent intent = new Intent();
                intent.putExtra(EXTRA_DEVICE_ADDRESS, address);
                setResult(Activity.RESULT_OK, intent);
                finish();
            }
        }
    });
```

此外，在 onCreate()方法中需要注册广播接收者，设置 ListView 的适配器等，代码如下。

```java
@Override
protected void onCreate(Bundle savedInstanceState) {
    ...
    //注册广播
    IntentFilter filter = new IntentFilter(BluetoothDevice.ACTION_FOUND);
    this.registerReceiver(mReceiver, filter);
    filter = new IntentFilter(BluetoothAdapter.ACTION_DISCOVERY_FINISHED);
    this.registerReceiver(mReceiver, filter);
    bluetoothAdapter = BluetoothAdapter.getDefaultAdapter();
```

```
listAdapter = new ArrayAdapter<>(this, R.layout.device_name);
ListView listViewDevice = findViewById(R.id.listViewFound);
Button buttonScan = findViewById(R.id.buttonScan);
listViewDevice.setAdapter(listAdapter);
displayDevice();
...
}
```

在 onDestroy()方法中需要注销广播接收者并关闭设备扫描,代码如下。

```
@Override
protected void onDestroy() {
    super.onDestroy();
    if (bluetoothAdapter != null) {
        bluetoothAdapter.cancelDiscovery();
    }
    this.unregisterReceiver(mReceiver);
}
```

本任务代码较多,完整项目代码可查看本书资源。

7.4.2 蓝牙小车 App 的实现

【任务目标】

使用低功耗蓝牙,实现一个蓝牙小车 App,界面如图 7-5 所示。

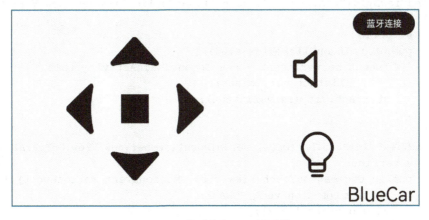

图 7-5 蓝牙小车 App 界面图

【任务分析】

本任务与 7.4.1 节任务类似,主要是蓝牙通信。不过本任务要求使用的是低功耗蓝牙,需要使用与低功耗蓝牙相关的 API。

【任务实施】

1）新建工程项目 BlueCar（参考项目 1）。

2）在 AndroidManifest 文件中设置与蓝牙相关的权限。从 Android 12 开始，引入了 BLUETOOTH_SCAN、BLUETOOTH_ADVERTISE 以及 BLUETOOTH_CONNECT 三种权限。这些权限能够使应用具备扫描附近设备的能力，而无需额外请求位置权限。然而，考虑到与早期版本 Android 设备的兼容性，应用仍然需要请求位置权限。代码如下。

```xml
<uses-permission android:name="android.permission.BLUETOOTH"
    android:maxSdkVersion="30" />
<uses-permission android:name="android.permission.BLUETOOTH_ADMIN"
    android:maxSdkVersion="30" />
<uses-permission android:name="android.permission.BLUETOOTH_CONNECT" />
<uses-permission android:name="android.permission.BLUETOOTH_CONNECT" />
<uses-permission android:name="android.permission.BLUETOOTH_SCAN" />
<uses-permission android:name="android.permission.BLUETOOTH_ADVERTISE" />
<uses-permission android:name="android.permission.BLUETOOTH_CONNECT" />
<uses-permission android:name="android.permission.ACCESS_COARSE_LOCATION" />
<uses-permission android:name="android.permission.ACCESS_FINE_LOCATION" />
<uses-permission android:name="android.permission.BLUETOOTH_SCAN" />
```

代码 7.4.2 MainActivity.java

3）设计页面布局 activity_main.xml，界面效果如图 7-5 所示，设计方法可以参考本书前文的任务。

4）实现 MainActivity 类的逻辑。该类需要完成控件初始化、Button 单击事件的响应，部分关键代码如下。

```java
findViewById(R.id.buttonBluetooth).setOnClickListener(new View.OnClickListener() {
    @Override
    public void onClick(View arg0) {
        Intent serverIntent = new Intent(MainActivity.this,
            ListActivity.class);
        startActivity(serverIntent);
    }
});
findViewById(R.id.buttonUp).setOnTouchListener(new View.OnTouchListener() {
    @Override
    public boolean onTouch(View view, MotionEvent motionEvent) {
        writeCmd(motionEvent,"ONA");
        view.performClick();
        return false;
    }
});
```

发送命令的代码中，在蓝牙已连接的情况下，如果按键被按下则发送小车运动指令，按键被抬起则发送小车停止指令，其中 writeBLECharacteristicValue()方法将在后续 BLEUtils 类中实现。代码如下。

```java
    private void writeCmd(MotionEvent motionEvent, String cmd) {
        if (!ListActivity.bleConnected){
            if (motionEvent.getAction() == MotionEvent.ACTION_DOWN) {
                showToast(getApplicationContext(), "请先连接蓝牙!");
            }
        } else if (motionEvent.getAction() == MotionEvent.ACTION_DOWN) {
            write(cmd);
            showToast(getApplicationContext(), "指令已发送");
        } else if (motionEvent.getAction() == MotionEvent.ACTION_UP) {
            write("ONF");
        }
    }

    public void write(String data){
        //send string
        if (data.length()==0) {
            showToast(getApplicationContext(), "发送指令为空,请检查程序");
            return;
        }
        String tempSendData = data.replace("\n","\r\n");
        if (tempSendData.length() > 244) {
            showToast(getApplicationContext(), "最多只能发送244字节");
            return;
        }
        BLEUtils.writeBLECharacteristicValue(tempSendData, false);
    }
```

5)实现 BLEUtils 类的逻辑。该类需要完成低功耗蓝牙 BLE 的相关操作,包括打开蓝牙、扫描蓝牙、连接蓝牙等。打开蓝牙的代码如下。

代码 7.4.2 BLEUtils.java

```java
    void openBluetoothAdapter(Context ctx) {
        bluetoothAdapter = BluetoothAdapter.getDefaultAdapter();
        if (bluetoothAdapter == null) {
            bluetoothAdapterStateChangeCallback.callback(false, 10000, "此设备不支持蓝牙");
            return;
        }
        if (!bluetoothAdapter.isEnabled()) {
            bluetoothAdapterStateChangeCallback.callback(false, 10001, "请打开设备蓝牙开关");
            return;
        }
        LocationManager locationManager = (LocationManager) ctx.getSystemService(Context.LOCATION_SERVICE);
        boolean gps = locationManager.isProviderEnabled(LocationManager.GPS_PROVIDER);
        boolean network = locationManager.isProviderEnabled(LocationManager.NETWORK_PROVIDER);
        if (!(gps || network)) {
            bluetoothAdapterStateChangeCallback.callback(false, 10002, "请打开
```

设备定位开关");
            return;
        }

        bluetoothAdapterStateChangeCallback.callback(true, 0, "");
        if (bluetoothGatt != null) {
            if (android.os.Build.VERSION.SDK_INT >= android.os.Build.VERSION_CODES.S) {
                if (ActivityCompat.checkSelfPermission(ctx, android.Manifest.permission.BLUETOOTH_CONNECT) != PackageManager.PERMISSION_GRANTED) {
                    return;
                }
            }
            bluetoothGatt.close();
        }
    }
```

开始扫描蓝牙。使用 bluetoothAdapter.startLeScan(leScanCallback)方法，其中扫描蓝牙的回调方法 leScanCallback 的代码如下。

```
    private static final BluetoothAdapter.LeScanCallback leScanCallback =
(BluetoothDevice bluetoothDevice, int rssi, byte[] bytes) -> {
        try {
            String name = bluetoothDevice.getName();
            if (name == null || name.equals("")) return;
            String mac = bluetoothDevice.getAddress();
            if (mac == null || mac.equals("")) return;
            mac = mac.replace(":", "");
            boolean isExist = false;
            for (BluetoothDevice tempDevice : deviceList) {
                if (tempDevice.getAddress().replace(":", "").equals(mac)) {
                    isExist = true;
                    break;
                }
            }
            if (!isExist) {
                deviceList.add(bluetoothDevice);
            }
            bluetoothDeviceFoundCallback.callback(mac, name, mac, rssi);
        }catch (Throwable e){
            Log.e("LeScanCallback","Throwable");
        }
    };
```

建立连接。使用 bluetoothDevice.connectGatt()方法，其中回调方法 BluetoothGattCallback 的代码如下。

```
    private static final BluetoothGattCallback bluetoothGattCallback = new BluetoothGattCallback() {
        @Override
```
```

```java
            public void onConnectionStateChange(BluetoothGatt gatt, int status,
int newState) {
                super.onConnectionStateChange(gatt, status, newState);
                if (status != BluetoothGatt.GATT_SUCCESS) {
                    gatt.close();
                    if(connectFlag){
        bleConnectionStateChangeCallback.callback(false,10000,"onConnectionState
Change:" + status + "|" + newState);
                    }else{
        connectCallback.callback(false,10000,"onConnectionStateChange:" + status
 + "|" + newState);
                    }
                    connectFlag = false;
                    return;
                }
                if (newState == BluetoothProfile.STATE_CONNECTED) {
                    gatt.discoverServices();
                    connectCallback.callback(true,0,"");
        bleConnectionStateChangeCallback.callback(true,0,"");
                    connectFlag = true;
                    return;
                }
                if (newState == BluetoothProfile.STATE_DISCONNECTED) {
                    gatt.close();
                    if(connectFlag){
        bleConnectionStateChangeCallback.callback(false, 0, "");
                    }else {
                        connectCallback.callback(false, 0, "");
                    }
                    connectFlag = false;
                }
            }
            ...
```

6）实现 ListActivity 类的逻辑。该类需要检查蓝牙相关权限的开启情况，并调用扫描蓝牙、连接蓝牙等方法。本步骤的界面使用了 swiperefreshlayout，检查蓝牙相关权限使用了 easypermissions 框架，需要在 build.gradle 中添加。代码如下。

```
        implementation 'androidx.swiperefreshlayout:swiperefreshlayout:1.1.0'
        implementation 'pub.devrel:easypermissions:3.0.0'
```

检查蓝牙相关权限的代码如下。

代码 7.4.2 ListActivity.java

```
        //权限初始化，授权后才能使用蓝牙
        void permissionsInit(){
            String[] perms = {android.Manifest.permission.
ACCESS_FINE_LOCATION,
android.Manifest.permission.ACCESS_COARSE_LOCATION};
            if (!EasyPermissions.hasPermissions(this, perms)) {
                EasyPermissions.requestPermissions(this,"请打开应用的定位权限",0,
perms);
            // 没有权限，进行权限请求
```

```
            return;
        }
        //安卓12或以上,还需要蓝牙连接附近设备的权限
        if (android.os.Build.VERSION.SDK_INT >= android.os.Build.VERSION_CODES.S) {
            perms = new String[]{
                    android.Manifest.permission.BLUETOOTH_SCAN,
                    android.Manifest.permission.BLUETOOTH_ADVERTISE,
                    android.Manifest.permission.BLUETOOTH_CONNECT
            };
            if (!EasyPermissions.hasPermissions(this, perms)) {
                EasyPermissions.requestPermissions(this,"请打开应用的蓝牙权限,允许应用使用蓝牙连接附近的设备",1, perms); //进行权限请求
                return;
            }
            //权限获取成功,可以使用蓝牙
            openBluetoothAdapter();
        }else{
            //权限获取成功,可以使用蓝牙
            openBluetoothAdapter();
        }
    }
```

本任务代码较多,完整项目代码可查看本书资源。

7.5 理论测试

1. 单选题

(1) Android 中发现经典蓝牙设备的广播是（　　）。

    A. BluetoothAdapter.ACTION_DISCOVERY_STARTED

    B. BluetoothDevice.ACTION_DISCOVERY_STARTED

    C. BluetoothDevice.ACTION_FOUND

    D. BluetoothAdapter.ACTION_FOUND

(2) 开启蓝牙的方法是（　　）。

    A. enable()　　　　　　B. disable()

    C. open()　　　　　　　D. isEnabled()

(3) 下列说法错误的是（　　）。

    A. Android 应用既能作为 GATT 客户端,也能作为 GATT 服务器端

    B. BLE 蓝牙的使用需要在 AndroidManifest 中配置位置权限

    C. 当用户利用蓝牙低功耗（BLE）将其 Android 设备与其他设备进行配对时,用户设备上的所有应用程序均可访问这两个设备间传输的数据

    D. BLE 蓝牙需要配置的权限和经典蓝牙一样

(4) 开始扫描 BLE 设备的方法是（　　）。

    A. startLeScan()　　　　B. startScan()

    C. startDis()　　　　　 D. startConn()

2．多选题

（1）Android 经典蓝牙通信一般需要添加的权限有（　　）。
  A．android.permission.BLUETOOTH
  B．android.permission.INTERNET
  C．android.permission.BLUETOOTH_ADMIN
  D．android.permission.WRITE_EXTERNAL_STORAGE

（2）Android 经典蓝牙中收发数据的方法是（　　）。
  A．read()   B．write()
  C．receive()   D．send()

7.6 项目演练

1．蓝牙点阵屏 App 的设计
设计一个蓝牙点阵屏 App，要求可以通过该 App 控制点阵屏上的显示内容。

2．蓝牙聊天 App 的设计
设计一个蓝牙聊天 App，要求两台 Android 蓝牙设备可以相互聊天。

7.7 项目小结

  蓝牙是 Android 设备重要的短距离通信手段，可以让智能硬件在短距离内与 Android 设备轻松实现互联互通。可以通过蓝牙方便地控制各种智能硬件，让它们在 Android 设备的指挥下协同工作。同时，借助 Android 设备的网络、存储和显示屏，蓝牙还能拓展智能硬件的功能，让它们变得更加强大、聪明和个性化。一旦智能硬件连接到互联网，它们将拥有更多机会去探索新大陆，实现更加奇幻的功能和应用。

7.8 项目拓展

星闪技术——一种新型无线短距通信标准技术

  星闪技术是一种新兴的无线通信技术标准，旨在提供更快速、更稳定、更安全的短距离通信连接。该技术由国际星闪无线短距通信联盟发布，集合了蓝牙和 WiFi 等传统无线技术的优势，并进行了创新和改进。

  星闪技术具有低延迟、高速度、高稳定性和高可靠性等特点。相较于蓝牙和 WiFi 等传统无线技术，星闪技术具有更低的延迟和更高的传输速率，可以在更短的时间内传输更多的数据，同时保持稳定性和可靠性，为各种智能设备提供更高效的连接方式。

  星闪技术还具有强大的抗干扰能力，可以在复杂的环境中保持稳定的连接，避免信号干扰和丢失。同时，星闪技术还支持多种传输协议和数据格式，可以满足不同智能设备的通信需求。

  星闪技术分为两种模式：SLE 和 SLB。SLE 模式对标蓝牙，满足低功耗轻量级连接需求；SLB 模式对标 Wi-Fi，应对高速率、大传输、高质量连接场景。根据不同的应用场景，星闪技术可以自动切换模式，实现无缝连接。

相比于蓝牙和 Wi-Fi，星闪技术的性能指标有着显著的提升。在时延方面，星闪技术能做到 20μs 的延迟，是人类无线连接技术首次进入微秒级；在传输速率方面，星闪技术能达到 2.5Gbit/s 的速度，是蓝牙 5.2 的 6 倍以上；在稳定性方面，星闪技术能抵抗强干扰环境，相比蓝牙提升了 7dB 的灵敏度；在覆盖范围方面，星闪技术能支持 200m 以上的稳定连接，相比蓝牙提升了 2 倍以上；在终端组网数量方面，星闪技术能支持最大 4096 台设备互联，相比蓝牙提升了 10 倍以上。

华为在 2023 年 8 月 6 日开发者大会上正式发布了星闪技术，该技术由华为等 300 多家头部企业和机构共同参与开发。星闪技术将为鸿蒙生态带来六大革新体验，包括智慧屏与手机、平板、音箱等设备的无缝互动，智慧音箱与手机、平板、电视等设备的高质量音频传输，智慧手表与手机、平板、电视等设备的快速数据同步，智慧汽车与手机、平板、音箱等设备的高速率数据共享，智慧家居与手机、平板、电视等设备的低功耗控制，以及智慧工业与手机、平板、电视等设备的精准同步控制。

项目 8　智能家居——网络通信

8.1　项目场景

蓝牙是短距离通信技术的代表，但通信真正的星辰大海其实在互联网。想象一下，网络如同一个巨大的星际网络，将成千上万的服务器相互连接，宛如一个浩瀚的星海。而在这个星海中，Android 设备就如同是一艘艘星际飞船，拥有着高速、稳定的网络通信能力，以此来探寻这个宇宙中的无尽知识和奥秘。因此，Android 系统才会有那么多丰富多彩、令人应接不暇的应用程序诞生，它们像星星一样点亮了人们的生活。

8.2　学习目标

1）理解 TCP 的原理，掌握 TCP 通信 API 的使用，能使用 Socket 进行网络编程。
2）理解 HTTP 的原理，掌握 HTTP 通信 API 的使用，能使用 URL 读取网络资源。
3）了解 JSON 数据结构，掌握 JSON 数据的解析。

8.3　知识学习

　　网络中的设备及其操作系统五花八门，如果它们直接进行通信，肯定会遇到各种障碍。网络通信协议就如同网络上的通用语言，帮助各种不同的操作系统和硬件相互连接，顺畅沟通。互联网的通信协议是 TCP/IP（Transmission Control Protocol/Internet Protocol，传输控制协议/网际协议）是能够在多个不同网络间实现信息传输的协议簇，TCP/IP 传输协议对互联网中各部分进行通信的标准和方法进行了规定。TCP/IP 协议不仅是指 TCP 和 IP 两个协议，而是指一个由 HTTP、FTP、TCP、UDP、IP 等协议构成的协议簇。如需了解更多关于 TCP/IP 协议簇的信息，可以查阅计算机网络相关书籍。

socket 通信

8.3.1　TCP 通信的原理

　　TCP 是一种可靠的、面向连接的传输协议，位于 TCP/IP 协议模型的网络层。它提供了一种全双工的、面向连接的、可靠的字节流服务。TCP 是两台主机进程进行通信的基石，TCP 使用连接（connection）作为最基本的抽象，同时将 TCP 连接的端点称为插口或者套接字（socket）。TCP 通过三次握手建立连接，并使用确认机制、重传机制等手段来保证数据的可靠传输。此外，TCP 还具有流量控制机制和拥塞控制机制，可以自适应地适应网络的变化，保证网络的稳定性。因此，TCP 是互联网协议套件中的重要组成部分，为数据传输提供了可靠和高效的方式。

　　TCP 通信双方分别为 TCP 服务器和 TCP 客户端。TCP 服务器是一个监听特定端口并响应进入的连接请求的计算机程序。服务器可以同时处理多个客户端的连接请求。TCP 客户端是初始化一个连接请求，并尝试与服务器建立连接的计算机程序。客户端在连接成功后，可以向服务器发送数据，接收服务器返回的数据，然后关闭连接。

在 TCP 通信中，通常使用套接字（socket）进行连接和数据传输。套接字是一种抽象的编程接口，用于在网络上进行通信。它允许程序在运行时创建 TCP 连接，并在连接上发送和接收数据。在 TCP 通信中，服务器和客户端可以使用套接字来建立连接和进行数据交换。使用套接字进行通信的流程图如图 8-1 所示，首先 TCP 服务器端需要先行启动，绑定端口号，监听客户端的请求，当有 TCP 客户端请求时，接受请求后就可以进行数据读写操作了；若无客户端请求则一直处于监听状态。如需结束连接，客户端可调用 close()方法，结束当前连接。

图 8-1　TCP 通信流程

TCP 服务器的程序需要绑定端口号，ServerSocket 类用于建立服务器端的 Socket 应用，它并不主动建立连接，而是打开一个端口等待客户端的连接，监听客户端请求。TCP 服务器的 Java 示例代码如下。

```java
class TCPServer {
    private static final int PORT = 6688;              // 定义一个端口号
    public void listen() throws Exception {            // 定义一个listen()方法
        ServerSocket serverSocket = new ServerSocket(PORT);
                                                       //创建ServerSocket 对象
        Socket client = serverSocket.accept();         //调用ServerSocket 的
                                                       //accept()方法接收数据
        OutputStream os = client.getOutputStream();    // 获取客户端的输出流
        System.out.println("开始与客户端交互数据");
        os.write(("TCP 服务器欢迎你！").getBytes());    // 当客户端连接到服务端
                                                       //时，向客户端输出数据
        Thread.sleep(5000);                            // 模拟执行其他功能占用的时间
```

```
        System.out.println("结束与客户端交互数据");
        os.close();
        client.close();
    }
}
```

TCP 客户端的操作主要是请求连接服务器，读写服务器数据。TCP 客户端的 Java 示例代码如下。

```
class TCPClient {
    private static final int PORT = 6688;              // 服务端的端口号
    public void connect() throws Exception {
        // 创建一个Socket 并连接到给出地址和端口号的计算机
        Socket client = new Socket(InetAddress.getLocalHost(), PORT);
        InputStream is = client.getInputStream();      // 得到接收数据的流
        byte[] buf = new byte[1024];                   // 定义1024 个字节数组的缓冲区
        int len = is.read(buf);                        // 将数据读到缓冲区中
        System.out.println(new String(buf, 0, len));   //将缓冲区中的数据输出
        client.close();                                // 关闭Socket 对象，释放资源
    }
}
```

Java TCP 通信相关 API 可以用于 Android 应用开发，Android 应用一般作为客户端来使用。另外，Android 应用中使用 TCP 通信一般需要在 AndroidManifest 文件中添加网络访问权限。代码如下。

```
<uses-permission android:name="android.permission.INTERNET" />
```

8.3.2　HTTP 通信的原理

HTTP 全称为超文本传输协议（Hypertext Transfer Protocol），是一种用于传输超文本（如网页）的协议。它是在互联网上应用最广泛的一种网络协议。HTTP 的工作方式是基于请求和响应的模型。在一个 HTTP 请求-响应周期中，一个客户端（如一个浏览器）会向服务器发送一个请求，这个请求可以包含一个获取特定资源（如一个网页）的请求，也可以是提交其他类型数据的请求（如 POST 请求）。当服务器收到这个请求后，它会处理该请求并返回一个响应。这个响应可以是一个网页的内容，也可以是其他类型的数据，如错误消息或重定向指令等。

HTTP 为浏览器和 App 提供了一个统一的接口，大量的 App 都在使用 HTTP 及其相关协议，确保网页和 App 能方便地进行通信。

HTTP 通常使用 URL（Uniform Resource Locator，统一资源定位地址）来请求数据或提交信息，URL 是指向互联网资源的指针。资源可以是简单的文件或目录，也可以是对更复杂对象的引用，如对数据库或搜索引擎的查询。通常情况下，URL 由协议名、主机、端口和资源组成，其格式为：protocal://host:port/resourceName。

在客户端与服务器进行网络通信的过程中，通常需要提供一些参数以指定所需访问的资源，不同的参数会导致请求不同的资源。请求参数的设置方式与请求类型密切相关。在 HTTP 协议中，常用的请求类型主要有两种，即 GET 和 POST。这两种请求类型在技术上的差异主要体现在浏览器或客户端在处理和封装请求信息时的方式上。

GET 方法通常用于从服务器获取资源，这种请求不会对服务器上的数据造成任何更改。在这种情况下，参数的主要作用是告知服务器哪些数据可以作为响应提供，这些参数被附加到请求的 URL 后面。使用 GET 方法发送的 URL 长度通常不能超过 1KB。在 HTML 页面中，资源链接通常使用 GET 方法作为典型的实现方式。

当使用 POST 请求方法提交数据时，所提交的数据以键值对的形式被封装在请求的实体中，这种方法使得用户无法通过浏览器直接查看发送的请求数据。因此，POST 方式在安全性方面要比 GET 方式更为优越。POST 请求具有修改服务器端资源内容的能力，如处理表单、上传文件等情况。

在请求过程中，提供给服务器的参数分为两种主要类型：请求参数和控制参数。请求参数是指与特定的业务和内容相关的信息，例如，网络服务器的地址，它作为请求参数提供了服务器可达的地址信息。除此之外，附加的查询字符串以及使用 POST 方式进行访问时所附加的参数等也属于请求参数的范畴。控制参数则主要用于从技术角度对访问过程进行控制，如设置访问超时时间、指定内容编码格式、向服务器提供当前访问客户端的类型等信息，都可以被归类为控制参数。

Android 平台为 HTTP 通信提供了全面的支持，通过标准的 Java 类 HttpURLConnection 来实现基于 URL 的请求和响应功能。HttpURLConnection 继承自 URLConnection 类，它可以发送和接收各种类型和长度的数据，同时也可以灵活地设置请求方法、超时时间等参数。

以 GET 方式提交数据的示例代码如下。

```java
String path = "http:/ /192.168.1.101:8080/web/Login?username="
    + URLEncoder.encode("zhangsan")
    + "&password=" + URLEncoder.encode("123");
URL url = new URL(path);
//创建 URL 对象
HttpURLConnection conn = (HttpURLConnection) url.openConnection();
//设置请求方式
conn.setRequestMethod("GET");
//设置超时时间
conn.setConnectTimeout(5000);
int responseCode = conn.getResponseCode();
//获取状态码
if (responseCode == 200) {                    //访问成功
    InputStream is = conn.getInputStream();   //获取服务器的返回流
}
```

以 POST 方式提交数据的示例代码如下。

```java
String path = "http://192.168.1.101:8080/web/Login";
URL url = new URL(path);
HttpURLConnection conn = (HttpURLConnection) url.openConnection();
conn.setConnectTimeout(5000);    //设置超时时间
```

```
conn.setRequestMethod("POST");    //设置请求方式
//封装要提交的数据,通过URLEncoder.encode()方法将数据转换为浏览器可以识别的形式
String data = "username=" + URLEncoder.encode("zhangsan")
        + "&password=" + URLEncoder.encode("123");
//设置请求属性"Content-Type"的值,用于指定提交的实体数据的内容类型
conn.setRequestProperty("Content-Type", "application/x-www-form-urlencoded");
//设置请求属性"Content-Length"的值为提交数据的长度
conn.setRequestProperty("Content-Length", data.length() + "");
conn.setDoOutput(true);                              //设置允许向外写数据
OutputStream os = conn.getOutputStream();            //利用输出流向服务器写数据
os.write(data.getBytes());                           //将数据写给服务器
int code = conn.getResponseCode();                   //获取状态码
if (code == 200) {                                   //请求成功
    InputStream is = conn.getInputStream();
}
```

在上述代码中,当使用 POST 方法提交数据时,数据会以流的形式直接写入服务器,同时设置数据的提交方式和数据长度。

在真实的开发过程中,当手机端与服务器端进行交互时,不可避免地需要将中文数据提交到服务器,此时可能会出现中文乱码的问题。无论使用 GET 还是 POST 方法提交参数,都需要对参数进行编码。至关重要的是,编码方式必须与服务器端的解码方式保持一致。同样,在获取服务器返回的中文字符时,也需要使用特定的解码格式进行解码。

8.3.3 HTTP 的数据解析与显示

HTTP 请求后返回的数据有多种类型,常见的有 HTML、JSON、XML、纯文本、图片、适配、PDF 等。

1. HTML 网页的显示

HTML 网页是 HTTP 请求后返回的最常见的数据类型,Android 提供了 WebView 控件来解析和显示网页。WebView 控件和其他控件类似,可以直接在 XML 布局文件中添加,也可以在 Java 代码中添加。WebView 控件的常用方法有:

- loadUrl(String url):加载 URL 对应的网页。
- loadData(String data, String mimeType, String encoding):将指定的字符串数据加载到浏览器中。
- capturePicture():创建当前屏幕的快照。
- goBack():执行后退操作。
- goForward():执行前进操作。
- stopLoading():停止加载当前页面。
- reload():重新加载当前页面。
- zoomIn():放大网页。
- zoomOut():缩小网页。
- addJavascriptInterface(Object object,String name):使用 WebView 中的 JavaScript 调用 Android 方法。

2. JSON 数据的解析

Android 应用很多时候不需要显示网页，只需要获取数据，将数据适配到 Android 的控件上。HTTP 请求获取的数据类型很多时候是 JSON 类型，JSON 是一种轻量级的数据交互格式，JSON 文件的扩展名一般为.json。JSON 可以传输一个简单的数据，也可以传输数组或对象。JSON 数据有两种结构，分别是对象结构和数组结构。

（1）对象结构

对象结构以"{"开始，以"}"结束，中间部分由以","分隔的键值对(key:value)构成，最后一个键值对后边不用加"，"，键(key)和值(value)之间以":"分隔，下面是一个对象结构的 JSON 数据示例。

```
{"city":"Suzhou" , "temp":26 , "weather":"cloudy"}
```

上述 JSON 是一个对象结构，有三个键值对，其中 city 的值为 Suzhou，temp 的值为 26，weather 的值为 cloudy。

（2）数组结构

数组结构以"["开始，以"]"结束。中间部分由 0 个或多个以","分隔的对象（value）的列表组成，下面是一个数组结构的示例。

```
["abc",12345,false,null]
```

JSON 数组结构中的数据类型可以不同，数组元素也可以是对象结构的数据。示例如下。

```
[
  {
    "city": "Suzhou",
    "temp": 26,
    "weather": "cloudy"
  },
  {
    "city": "Wuxi",
    "temp": 25,
    "weather": "cloudy"
  }
]
```

数组结构和对象结构可以相互嵌套，形成复杂的 JSON 结构。值得注意的是，如果 JSON 仅存储单个数据，应采用数组结构而非对象结构，因为对象结构必须以键值对的形式存在。

JSON 可以使用 Android SDK 自带的 JSONObject、JSONArray 或第三方的 Gson 来解析。

JSONObject 用于解析对象结构的 JSON 数据，其示例代码如下。

```
JSONObject jsonObject = new JSONObject(json);
String city= jsonObject.optString( "city");
int temp= jsonObject.optInt("temp");
String weather= jsonObject.optString( "weather");
```

JSONArray 用于解析数组结构的 JSON 数据，其示例代码如下。

```
JSONArray jsonArray =new JSONArray(json);
for(int i = 0; i<jsonArray.length(); i++){
    JSONObject jsonObject = jsonArray.getJSONObject(i);
    String city= jsonObject.optString( "city");
```

```
        int temp= jsonObject.optInt("temp");
        String weather= jsonObject.optString( "weather");
    }
```

8.4 技能实践

8.4.1 远程开关的设计

【任务目标】

设计一个远程开关 App，使用 TCP 控制远程设备的开关，App 的界面如图 8-2 所示。

图 8-2 远程开关 App 界面

【任务分析】

远程开关 App 是作为 TCP 通信的客户端和服务器进行通信的，因此该 App 的主要程序是连接服务器、收发信息。

【任务实施】

1）新建工程项目 RemoteSwitch（参考项目 1）。
2）在 AndroidManifest.xml 中添加网络访问权限。代码如下。

```
<uses-permission android:name="android.permission.INTERNET"/>
```

3）设计主界面 activity_main.xml，主界面如图 8-2 所示。
4）设计 MainActivity。MainActivity 需要完成"连接""关闭""开""关"等 Button 的响应及数据的接收与显示。考虑到 UI 线程不能执行耗时操作，TCP 通信的相关操作可以放到子线程来处理。

"连接" Button 单击后将启动一个子线程，在子线程中完成 TCP 连接操作。连接成功后将得到一个非空的 socket 对象，TCP 客户端连接服务器的相关代码如下。

```
        //用InetAddress方法获取ip地址
        InetAddress ipAddress = InetAddress.getByName(et_ip.getText().toString());
        int port = Integer.valueOf(et_port.getText().toString());    //获取端口号
        socket = new Socket(ipAddress, port);
        Log.e("Socket", socket.toString());
        //连接失败
        if (null == socket) {
            runOnUiThread(new Runnable() {
                @Override
                public void run() {
                    Toast.makeText(getApplicationContext(), "连接失败", Toast.LENGTH_SHORT).show();
                }
            });
            return;
        }
        //获取输出流
        outputStream = socket.getOutputStream();
```

"关闭"Button 单击后将启动一个子线程，在子线程中关闭上述 socket 对象即可，代码如下。

```
        bt_disconnect.setOnClickListener(new View.OnClickListener() {
            @Override
            public void onClick(View v) {
                try {
                    connectThread.socket.close();
                } catch (IOException e) {
                    e.printStackTrace();
                }    //关闭连接
                connectThread.socket = null;
            }
        });
```

"开""关""发送"Button 的代码类似，只是发送的信息不一样，也需要新建一个子线程来发送。"发送"Button 的代码如下。

```
        bt_send.setOnClickListener(new View.OnClickListener() {
            public void onClick(View v) {
                //发送数据
                if (connectThread.socket != null) {
                    new Thread(new Runnable() {
                        @Override
                        public void run() {
                            try {
                                String cmd = et_send.getText().toString().trim();
                                connectThread.outputStream.write(cmd.getBytes());
                            } catch (IOException e) {
                                e.printStackTrace();
                            }
                        }
                    }).start();
```

            }
        }
    });

本任务还有个接收区用于调试，需要调用 socket 的输入流来获取服务器端返回的信息，代码如下。

```
byte[] buffer = new byte[1024];          //创建接收缓冲区
inputStream = socket.getInputStream();
int len = inputStream.read(buffer);      //数据读出来，并且返回数据的长度
if (len != 0) {
    Log.e("recv:", new String(buffer, 0, len));
    runOnUiThread(new Runnable () {
        @Override
        public void run() {
            tv_recv.append(new String(buffer, 0, len) + "\r\n");
        }
    });
}
```

本任务的调试可以使用网络调试助手进行。将 PC、虚拟或真实 Android 设备连接到同一个局域网下，网络调试助手在 PC 上开启 TCP 服务器，将虚拟或真实 Android 设备连接 PC 上的 TCP 服务器，即可进行收发测试。

本任务完整项目代码可查看本书资源。

代码 8.4.1 MainActivity.java

8.4.2 天气播报的设计

【任务目标】

使用 HTTP 协议获取天气播报信息，并将获取到的天气信息在界面上显示，界面如图 8-3 所示。

图 8-3　天气播报 App 界面图

【任务分析】

本任务主要考察 HTTP 请求及响应的解析，可以使用高德天气 API 来实现。高德天气 API

获取到的数据是 JSON 格式的，使用 GSON 框架进行解析比较方便。

1）新建工程项目 WeatherForecast（参考项目 1）。

2）在 AndroidManifest 文件中添加网络访问相关权限。代码如下。

```
<uses-permission android:name="android.permission.INTERNET"/>
```

3）设计页面布局 activity_main.xml，界面效果如图 8-3 所示，设计方法可以参考本书前文的任务。

4）注册高德开放平台，查阅"天气查询"API 文档。通过 API 文档可以知道要使用该 API 必须先申请"Web 服务"API 密钥（Key），Key 将作为 HTTP GET 请求 URL 的参数，接收 HTTP 请求返回的数据为 JSON 类型数据。文档中也给出了请求 URL 地址和 JSON 数据样例。

5）申请"Web 服务"API Key。打开高德开放平台的控制台页面，单击左边栏中的应用管理→我的应用→创建新应用，如图 8-4 所示。在弹出的新建应用窗口中输入应用名称和应用类型，如图 8-5 所示。

图 8-4　高德开放平台创建新应用

图 8-5　新建应用

新建应用完成后将出现如图 8-6 所示界面，此时需要添加 Key 才能使用。单击"添加 Key"将弹出如图 8-7 所示窗口，填写 Key 名称，选中"Web 服务"，阅读并同意相关协议，单击"提交"，即可生成 Key。

图 8-6　添加 Key

图 8-7 添加 Key 窗口

6）根据 JSON 样例，生成天气 Bean。首先使用计算机上的浏览器测试 HTTP GET 请求，请求成功将获取 JSON 样例。在 Android Studio 菜单栏中选择 File→Settings→Plugins，搜索并安装 GsonFormat 插件。插件安装完成后，在 Java src 目录右键单击 New→Java Class，新建 WeatherBean.java。在该文件中右键单击 Generate→GsonFormat，在弹出的窗口中将 JSON 样例粘贴上去，单击 OK 按钮，即可生成 JSON 对应的 Bean。这里需要将代码中出错的注解删掉。

代码 8.4.2 WeatherBean.java

7）实现 MainActivity 类的逻辑。MainActivity 需要请求并解析数据。首先在 build.gradle 中添加 GSON 的依赖，添加完依赖后需要重新同步整个工程。代码如下。

```
implementation 'com.google.code.gson:gson:2.10.1'
```

MainActivity 类中首先初始化界面控件，找到需要更新的界面控件。代码如下。

```
textViewProvince = findViewById(R.id.textViewProvince);
textViewCity = findViewById(R.id.textViewCity);
textViewReporttime = findViewById(R.id.textViewReporttime);
textViewTemperature = findViewById(R.id.textViewTemperature);
imageViewWeather = findViewById(R.id.imageViewWeather);
```

随后开启一个子线程请求并解析数据。子线程中请求数据的代码如下。

```
String path = "请查阅并替换为最新的 API 的 URL city=110101&key=" + URLEncoder.encode(key);
URL url = new URL(path);
//创建 URL 对象
```

```
HttpURLConnection conn = (HttpURLConnection) url.openConnection();
//设置请求方式
conn.setRequestMethod("GET");
//设置超时时间
conn.setConnectTimeout(5000);
```

获取数据的代码如下。

```
int responseCode = conn.getResponseCode();
//获取状态码
if (responseCode == 200) {                          //访问成功
    byte[] buffer = new byte[1024];                 //创建接收缓冲区
    InputStream is = conn.getInputStream();         //获取服务器的返回流
    int len = is.read(buffer);
    if (len!=0){
        String json1 = new String(buffer,0,len);
    }
```

解析并显示数据的代码如下。使用 gson.fromJson()方法解析数据，调用 runOnUiThread()更新界面控件。

```
Gson gson =new Gson ();
WeatherBean weatherBean = gson.fromJson(json1,WeatherBean.class);
Log.e("ss",weatherBean.getStatus()+weatherBean.getLives().toString());
if (weatherBean.getStatus().equals("1")){
    List<WeatherBean.LivesDTO> lives = weatherBean.getLives();
    WeatherBean.LivesDTO livesDTO = lives.get(0);
    runOnUiThread(new Runnable() {
        @Override
        public void run() {
            textViewProvince.setText(livesDTO.getProvince());
            textViewCity.setText(livesDTO.getCity());
            textViewTemperature.setText(livesDTO.getTemperature());
            textViewReporttime.setText(livesDTO.getReporttime());
            if (livesDTO.getWeather().equals("多云")){
imageViewWeather.setImageResource(R.drawable.baseline_cloud_queue_24);
            }else if (livesDTO.getWeather().equals("晴")) {
imageViewWeather.setImageResource(R.drawable.baseline_wb_sunny_24);
            }
        }
    });
```

代码 8.4.2
MainActivity.
java

本任务完整项目代码可查看本书资源。

8.5 理论测试

1．单选题

（1）在 Java 中创建一个 TCP 服务器端的服务，需要创建（　　）对象。

　　A．ServerSocket

B. Socket
C. SocketServer
D. ClientSocket

（2）在 Java 中客户端向服务端发送连接请求，需要创建（　　）对象。
A. Socket
B. ServerSocket
C. BrowseSocket
D. ClientSocket

（3）下列说法错误的是（　　）。
A. TCP 是无连接通信协议
B. Android 应用既可以作为 TCP 服务器，也可以作为 TCP 客户端
C. TCP 通信双方分别为 TCP 服务器和 TCP 客户端
D. 在 TCP 通信中，通常使用套接字（socket）进行连接和数据传输

（4）下列关于 HTTP 协议的说法错误的是（　　）。
A. HTTP 请求后返回的数据有多种类型
B. HTTP 通常使用 URL 来请求数据或提交信息
C. 在 HTTP 协议中，常用的请求类型主要有两种，即 GET 和 POST
D. GET 方式在安全性方面要比 POST 方式更为优越

2．多选题

（1）TCP 客户端连接服务器至少需要（　　）参数。
A. MAC 地址
B. DNS 地址
C. 端口号
D. IP 地址

（2）下列关于 JSON 的说法正确的有（　　）。
A. JSON 的文件扩展名一般为.json
B. JSON 数组结构中数组元素的数据类型必须一致
C. JSON 数据有两种结构，分别是对象结构和数组结构
D. JSON 的数组结构和对象结构可以相互嵌套，形成复杂的 JSON 结构

8.6　项目演练

1．局域网聊天室 App 的设计

利用 TCP 通信实现一个局域网聊天室的 App，要求接入服务器的客户端都可以发送信息和接收信息。

2．讯飞星火大模型问答 App 的设计

讯飞星火认知大模型是科大讯飞自主研发的认知智能大模型，其通过学习海量的文本、代码和知识，具备跨领域的知识和语言理解能力，能基于自然对话方式理解和执行任务。讯飞星火大模型提供了 Web API，请使用讯飞星火 API 设计一个智能问答 App。

8.7 项目小结

网络通信是 Android 设备不可或缺的通信方式，也是众多 App 必须具备的功能。正是网络通信将 Android 设备与丰富多彩的互联网连接起来，使得手机在众多领域逐渐取代了 PC 的地位。

8.8 项目拓展

Web 服务器开发简介

Android 应用开发是常见的客户端技术，客户端还包括 Web 网页、PC 客户端等。与客户端相对应的是服务器，服务器为客户端提供数据信息。客户端通常也称为前端，服务器端称为后端。成千上万的客户端与服务器构成了丰富多彩的互联网世界。

服务器开发也有多种，其中最常见的服务器开发是 Web 服务器开发。Web 服务器开发涉及许多方面的技能和知识，包括网络协议、编程语言和操作系统等。Web 服务器开发的步骤如下。

1）需要明确需求和目标，理解 Web 服务器的功能和用途。这可能涉及提供静态网页、动态网页或数据库访问等。通过深入理解这些需求，可以为 Web 服务器的开发提供一个明确的方向。

2）在选择了合适的工具和技术后，需要选择适合的编程语言、操作系统和 Web 开发框架。例如，Java Web 开发框架就有多种选择，如 SSH、Spring MVC、SpringBoot 等。这些框架提供了丰富的功能和灵活性，可以大大提高开发效率。

3）编写代码是 Web 服务器开发的主体工作。根据需求和所选工具及技术编写代码，可能涉及处理 HTTP 请求、响应和会话，数据存储和检索，以及用户认证和授权等。这些代码是实现 Web 服务器功能的关键，需要进行详细的测试和调试。

4）为了确保代码的正确性和性能，需要对编写的代码进行严格的测试和调试。这需要运用各种测试工具和方法，以检查代码在不同条件下的表现，并进行必要的优化。

5）将 Web 服务器部署到目标平台上后，需要进行适当的配置。这可能包括设置监听端口、安全控制和负载均衡等。这些配置可以确保 Web 服务器的正常运行，并为其提供必要的性能保障。

6）需要定期维护和更新 Web 服务器，确保其安全性和稳定性。随着业务需求和技术发展的变化，可能需要对 Web 服务器进行升级和改进，以保持其竞争力和适应性。这一步骤是 Web 服务器开发周期中不可或缺的一环，可以确保 Web 服务器的长期稳定运行。

项目 9　一目了然——计算机视觉应用

9.1　项目场景

计算机视觉是一门研究如何使机器"看"的科学,更进一步地说,是指用摄像机和计算机代替人眼对目标进行识别、跟踪和测量等机器视觉,并进一步做图形处理,使计算机处理成为更适合人眼观察或传送给仪器检测的图像。Android 设备一般带有摄像头,可以拍摄和存储照片,因此 Android 设备往往也成为计算机视觉的一个重要的应用设备。

9.2　学习目标

1) 了解计算机视觉的概念,了解 OpenCV 的历史和由来。
2) 掌握 Android 应用集成 OpenCV 的方法。
3) 掌握 Android 中 OpenCV 的简单用法。

9.3　知识学习

计算机视觉是一门探索如何让机器"看懂"世界的科学,它涵盖了各种视觉内容的计算,无论是静态的图像、动态的视频,还是精美的图标,甚至是那些与像素息息相关的任何内容。计算机视觉的目标是赋予计算机解读图像和多维数据的能力,从而协助人们做出明智的决策或者高效地完成其他任务。计算机视觉已经广泛应用于各个领域,例如,工业自动化、安全监控、医疗诊断以及智能交通等,为人们的生活和工作带来了前所未有的便利。计算机视觉的具体应用包括:

- 对象分类:在特定对象的数据集上进行训练,使模型具备将新对象分类为对应训练类别的能力。
- 对象识别:模型能够辨认特定对象,例如,在人脸识别领域,模型可以识别并解析人的面部特征。
- 场景重建:通过图像或视频输入,构建出场景的 3D 模型,以便更深入地理解和分析场景内的物体和环境。
- 图像恢复:利用基于机器学习的滤波器从照片中消除模糊等噪声,使图像更加清晰。
- 无人驾驶:计算机视觉在无人驾驶技术的实现中扮演了至关重要的角色,如道路识别、红绿灯识别等。
- 人脸识别:人脸识别技术在安全监控、金融交易等领域得到了广泛应用。

- 智能识图：通过图像识别技术，将图像中的文字信息转化为电子文档，或者通过以图搜图的方式找到相似的图片。

总之，计算机视觉是一门涉及多个领域、具有广泛应用和发展前景的综合学科。

9.3.1　OpenCV 简介

OpenCV 是一个开源的计算机视觉库，提供了丰富的函数，包含数百种计算机视觉算法。它包括最基本的滤波到高级的物体检测等，非常强调实时应用的开发。OpenCV 使用 C/C++开发，同时也提供了 Python、Java、MATLAB 等其他语言的接口。它可以在 Windows、Linux、macOS、Android、iOS 等操作系统上运行，并且是跨平台的。OpenCV 的应用领域非常广泛，包括图像拼接、图像降噪、产品质检、人机交互、人脸识别、动作识别、动作跟踪、无人驾驶等。此外，OpenCV 还提供了机器学习模块，支持多种机器学习算法。OpenCV 可以从其官方网站获取。

自 2010 年 OpenCV 被移植到 Android 环境中以来，它允许在移动应用程序开发中使用该库的全部功能。OpenCV 具有模块化结构，包含多个共享或静态库，提供以下模块。

- 核心功能（core）：定义基本数据结构的模块，包括密集多维数组 Mat 和所有其他模块使用的基本函数。
- 图像处理（imgproc）：一个图像处理模块，包括线性和非线性图像滤波、几何图像转换（调整大小、仿射和透视变形、基于通用表的重新映射）、颜色空间转换、直方图等。
- 视频分析（video）：一个视频分析模块，包括运动估计、背景减法和对象跟踪算法。
- 相机校准和 3D 重建（calib3d）：基本的多视图几何算法、单相机和立体相机校准、物体姿态估计、立体对应算法和 3D 重建元素。
- 2D 特征框架（features2d）：显著特征检测器、描述符和描述符匹配器。
- 对象检测（objdetect）：检测对象和预定义类的实例（如人脸、眼睛、杯子、人物、汽车等）。
- 高级 GUI（highgui）：一个简单易用的 UI 框架。
- 视频 I/O（videoio）：易于使用的视频捕获和视频编解码器接口。

还有其他一些辅助模块，如 FLANN 和 Google 测试包装器、Python 绑定等。

9.3.2　OpenCV Java API 简介

Android 中主要使用的是 OpenCV 的 Java API，常用的有以下几个类。

- Mat 类：主要用来定义 Mat 对象，切割 Mat 对象。常规的 Bitmap 位图在 OpenCV 中都需要转换为 Mat。
- Core 类：主要用于 Mat 的运算，提供了很多运算功能的静态函数。
- ImgProc 类：主要用于图像的处理，也提供了很多处理功能的静态函数。
- Utils 类：主要用于 Mat 和 Bitmap 之间的转换。

1. Mat 类

OpenCV 中主要采用 Mat 类来存储图像数据。Mat 类是一个用于保存图像数据或矩阵的数据结构，能够用来保存实数或复数的向量、矩阵，灰度或彩色图像，立体元素，张量以及直方图。Mat 对象中包含了图像的各种基本信息与图像像素数据。Mat 是由头部与数据部分组成的，其中头部还包含一个指向数据的指针，可以把 Mat 视作图像矩阵。

然而 Android 中是用 Bitmap 格式来进行图像处理的，所以在 Android 中使用 OpenCV 需要将 Bitmap 转化为 Mat 格式。OpenCV 中提供了 Utils.bitmapToMat()方法来完成此转换，示例代码如下。

```
        Bitmap  bitmap = BitmapFactory.decodeResource(getResources(),R.drawable.lena);
        Mat src = new Mat();
        Utils.bitmapToMat(bitmap,src);
```

上述代码中的 Utils 类来自 org.opencv.android.Utils。此外，还可以使用 Utils.loadResource() 方法直接获取对应图片的 Mat。

Mat 转 Bitmap 的方法为 Utils.matToBitmap()，其示例代码如下。

```
        Bitmap  bitmap  = Bitmap.createBitmap(width,  height,  Bitmap.Config.ARGB_8888);
        Utils.matToBitmap(mat, bitmap);
```

Mat 一般都需要在程序结束时使用 release()方法进行内存释放。代码一般放在 OnDestroy() 里，代码如下。

```
        @Override
        protected void onDestroy() {
            super.onDestroy();
            mat.release();
        }
```

2. 颜色转换与二值化

计算机视觉中经常涉及颜色转化，从一个颜色空间转换到另一个颜色空间或者图像的灰度化等。OpenCV 中使用 cvtColor()方法进行颜色转换操作，示例代码如下。

```
        Bitmap  bitmap = BitmapFactory.decodeResource(getResources(), R.drawable.lena);
        Utils.bitmapToMat(bitmap, src);
        Imgproc.cvtColor(src, dst, Imgproc.COLOR_BGRA2GRAY);
        Utils.matToBitmap(dst, bitmap);
        imageView.setImageBitmap(bitmap);
```

上述代码中 Imgproc.cvtColor(src, dst, Imgproc.COLOR_BGRA2GRAY)方法将彩色 BGRA 格式的 src 转换为灰度的 dst。

计算机视觉经常需要将图像转换为只有黑色和白色两种颜色的二值图像，这就涉及图像的二值化。图像二值化是指将图像上像素点的灰度值设置为 0 或 255，也就是将整个图像呈现出明显的黑白效果的过程。图像二值化的关键参数是黑白点的阈值，将整张图片中高于阈值的点都置为 255，低于阈值的点都置为 0，就可以呈现出明显的二值黑白效果。

阈值的确定有两种方法：手动指定和自动计算。手动指定阈值是指由开发者手动确定一个阈值，在一些专用场景下可以通过实验效果调整。

OpenCV 也提供了算法来自动计算阈值，包括全局阈值计算和自适应阈值计算两种。全局自动计算阈值的方法有 OTSU 与 Triangle，这两种方法都是以图像直方图统计数据为基础来自动计算阈值。自适应阈值计算方法是指基于局部图像自动计算阈值的方法，有 C 均值与高斯 C 均值两种。

图像二值化的示例代码如下。

```
            Imgproc.threshold(src,dst,125,255,Imgproc.THRESH_BINARY);  //手动指定阈值
            Imgproc.threshold(src,dst,125,255,Imgproc.THRESH_BINARY | Imgproc.THRESH_
OTSU);                       //使用全局OTSU算法确定阈值
            Imgproc.adaptiveThreshold(src,dst,255, Imgproc.ADAPTIVE_THRESH_MEAN_C,
Imgproc. THRESH_BINARY, 13, 5);   //使用自适应C均值算法确定阈值
```

9.4 技能实践

9.4.1 OpenCV 的集成

【任务目标】

设计一个 App，集成 OpenCV，完成 OpenCV 的初始化，并提示用户初始化是否成功。

【任务分析】

OpenCV-Android-SDK 是配置 OpenCV 环境的重要部分，该 SDK 可以在 OpenCV 的官方网站进行下载，截止 2023 年 11 月的最新版本为 opencv-4.8.0-android-sdk。opencv-4.8.0-android-sdk 与 JDK8 有较好的兼容性，因此不宜使用最新的 Android Gradle Plugin 及 Gradle 插件，推荐使用以下版本的 Android 开发组件进行集成。

- Android Gradle Plugin 4.1.3。
- Gradle 6.9.4。
- NDK 21.1.6352462。
- CMake 3.22.1。

OpenCV 的集成

【任务实施】

1）下载并安装 NDK、CMake。与安装 Android SDK 方法类似，如图 9-1 所示，打开 SDK Manager，找到 SDK Tools，选中需要下载的 NDK 版本及 Cmake 版本，单击 OK 按钮进行安装。

2）新建工程 OpenCVTest（参考项目 2）。

3）导入 OpenCV SDK。首先解压 opencv-4.8.0-android-sdk.zip，记住其解压出文件的位置。其次在 Android Studio 中，单击 File→New→Import Module…，在弹出的对话框中定位到 SDK 位置，如图 9-2、图 9-3 所示。

项目 9　一目了然——计算机视觉应用

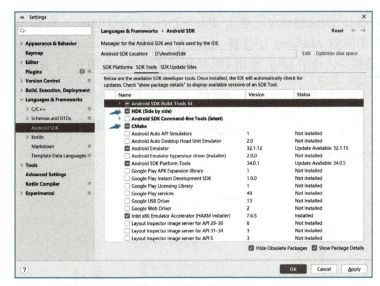

图 9-1　SDK Manager

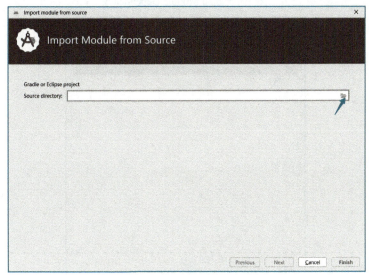

图 9-2　Import Module 窗口

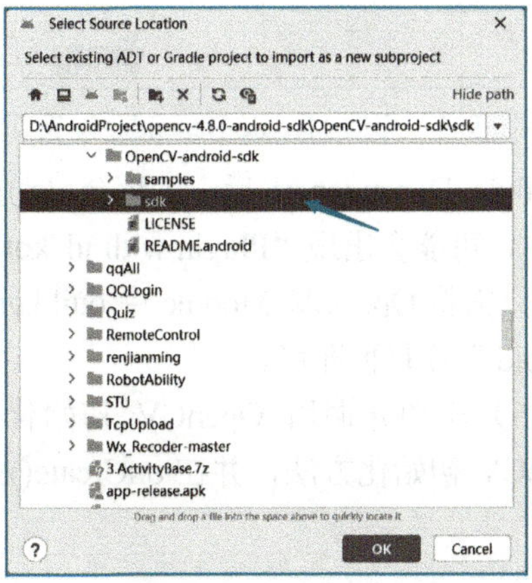

图 9-3　选择 sdk

4）添加 Module Dependency。单击 File→Project Structure…，在弹出的对话框中选择 Dependencies，在中间的 Modules 中选择 app，在右边的 Declared Dependencies 中单击"+"号，在弹出的对话框中，选中 sdk，单击 OK 按钮完成添加，如图 9-4，图 9-5 所示。

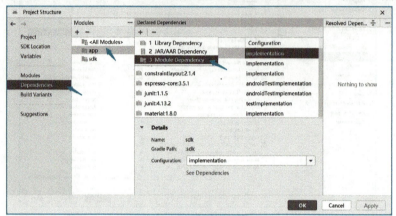

图 9-4　添加 Module Dependency

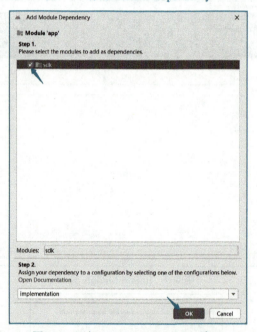

图 9-5　添加 Module Dependency 窗口

5）工程同步。添加完 Module Dependency 后，工程会自动同步，如果没有，也可单击"同步"图标进行同步。同步过程中，可能会出现"Plugin with id 'kotlin-android' not found."的错误，此时只需将 OpenCV Module 中 build.gradle 中的"apply plugin: 'kotlin-android'"注释掉即可。

代码 9.4.1 MainActivity.java

6）添加并调用 OpenCV 初始化代码。在 MainActivity 中添加 OpenCV 初始化方法，并在 onCreate()方法中调用此方法，OpenCV 初始化方法代码如下。

```java
private void iniLoadOpenCV(){
    boolean success = OpenCVLoader.initDebug();
```

```
        if (success){
            Toast.makeText(MainActivity.this,"OpenCV 初始化成功！",Toast.LENGTH_SHORT).show();
        }else {
            Toast.makeText(MainActivity.this,"OpenCV 初始化失败！",Toast.LENGTH_SHORT).show();
        }
    }
```

上述代码中，首先调用 OpenCVLoader.initDebug()方法进行 OpenCV 的初始化，随后将初始化结果通过 Toast 反馈到界面上。

9.4.2 图像修复

【任务目标】

使用 OpenCV 修复图片，如图 9-6 所示，修复前的图片有划痕，修复后图片的划痕消失。

图 9-6 OpenCV 图片修复

【任务分析】

本任务需要用到 OpenCV 中的修复方法 inpaint()。inpaint()方法位于 org.opencv.photo.Photo 类，可以用来实现图像的修复和复原功能。inpaint()方法使用区域邻域恢复图像中的选定区域，该功能可用于去除扫描图片上的灰尘和划痕，或去除静止图像或视频中不需要的物体。

图像修复

【任务实施】

1）新建工程并集成 OpenCV（参考 9.4.1 节内容）。

2）设计页面布局 activity_main.xml，界面效果如图 9-6 所示。本界面主要由两个 ImageView 和两个 TextView 构成，设计方法可以参考本书前文的任务。

3）设计 MainActivity。MainActivity 需要完成 OpenCV 的初始化、原始图像的显示、图像修复、修复后图像的显示等。图像修复需要调用 inpaint()方法，inpaint()方法需要的参数有：Mat src，Mat inpaintMask，Mat dst，double inpaintRadius，int flags。其中，src 是原图像的 Mat，inpaintMask 是图像掩膜，指示要修复的像素，dst 是修复后的目标图像，inpaintRadius 表示修复的半径，flags 表示修复算法。该程序实现的关键是确定图像掩膜，可以通过图像二值化并膨胀来获得掩膜。采用这一方法生成的掩膜，有较好的图像修复效果。本任务关键代码如下。

代码 9.4.2 MainActivity.java

```java
Mat bgr;
Mat gray = new Mat();
Mat mask = new Mat();
Mat dst = new Mat();
try {
    bgr = Utils.loadResource(this, R.mipmap.imgsrc);      //图像转Mat
} catch (IOException e) {
    throw new RuntimeException(e);
}

Imgproc.cvtColor(bgr, gray, Imgproc.COLOR_BGR2GRAY);      //图像灰度化
Imgproc.threshold(gray, mask, 254.0, 255.0, Imgproc.THRESH_BINARY);
//图像二值化
Mat kernel = Imgproc.getStructuringElement(Imgproc.MORPH_RECT, new Size(20.0, 20.0));   //获取矩形卷积核
Imgproc.dilate(mask, mask, kernel);                       //图像膨胀

Photo.inpaint(bgr, mask, dst, 5.0, Photo.INPAINT_TELEA);  //图像修复

Bitmap bitmap = Bitmap.createBitmap(bgr.width(), bgr.height(), Bitmap.Config.ARGB_8888);
Utils.matToBitmap(dst, bitmap);    //Mat 转 Bitmap
imageViewDest.setImageBitmap(bitmap);
```

本任务完整项目代码可查看本书资源。

9.5 理论测试

1. 单选题

（1）Mat 的运算主要在（　　）类。

　　A．Mat

  B．Core

  C．ImgProc

  D．Utils

（2）图像修复的 inpaint() 方法在（　　）类。

  A．Core

  B．ImgProc

  C．Photo

  D．Utils

2．多选题

（1）计算机视觉的具体应用包括（　　）。

  A．图像分类

  B．目标检测

  C．语音识别

  D．图像分割

（2）下列关于 OpenCV 的说法正确的有（　　）。

  A．OpenCV 是一个开源计算机视觉库

  B．OpenCV 提供了丰富的函数，包含数百种计算机视觉算法

  C．OpenCV 可以在 Windows、Linux、macOS、Android、iOS 等操作系统上运行，并且是跨平台的

  D．OpenCV 使用 Java 开发，同时也提供了 C/C++、Python、MATLAB 等其他语言的接口

9.6　项目演练

1．OpenCV 颜色识别

利用 OpenCV Android 实现一个可以识别红、绿、蓝色的 App。

2．OpenCV 二维码识别

利用 OpenCV Android 实现一个二维码识别 App。

9.7　项目小结

  OpenCV 是优秀的开源计算机视觉框架，提供了各种常见的计算机视觉算法 API，Android 应用通过调用 OpenCV API 可以方便、高效地实现各种计算机视觉功能。本项目涉及的只是计算机视觉的一小部分，还有更多的计算机视觉项目值得大家去探索和研究。

9.8　项目拓展

计算机视觉前沿简介

  计算机视觉是人工智能时代的重要技术，广泛应用于智能驾驶、智能安防、智慧城市等领

域。近年来计算机视觉技术的发展极为迅速，当前计算机视觉的前沿领域包括深度学习、目标检测与跟踪、三维重建技术、智能视频分析等。

首先是深度学习和神经网络，它们是推动本轮人工智能发展的"大功臣"，已经广泛应用于图像分类、目标检测、图像分割等计算机视觉任务中，并取得了惊人的成果。同时，研究人员还在探索更复杂的神经网络结构，如残差网络（ResNet）、注意力机制、Transformer 等，以提高计算机视觉任务的性能。

目标检测与跟踪是计算机视觉的重要研究领域，近年来基于深度学习的目标检测和跟踪技术如雨后春笋般涌现，被广泛研究和应用。例如，YOLO、Faster R-CNN 等算法就像眼睛一样，在实时图像中能精准地找到并跟踪目标，为安全监控、自动驾驶等领域提供了全新的解决方案。

图像语义分割是计算机视觉领域的另一个重要研究方向。它就像一个魔法师，将图像中的不同区域变为不同的语义类别。近年来，基于深度学习的图像语义分割技术大放异彩，通过使用 CNN 和 RNN 等神经网络结构，可以实现更准确、更高效的图像语义分割。

三维重建与虚拟现实是计算机视觉领域的另一个热门领域。三维重建就像是一个巧妙的魔术师，通过计算机视觉技术将真实场景变为三维模型。随着虚拟现实（VR）技术的不断发展，三维重建技术也得到了广泛的应用和研究。例如，通过使用结构光扫描、多视角立体视觉等技术，可以实现逼真的三维重建和虚拟现实。

智能视频分析是计算机视觉技术的又一重要应用方向。它通过处理和分析视频数据，为安防监控、智能交通等领域的快速发展提供了强大的支持。例如，通过使用目标检测、行为识别等技术，可以实现安全监控、交通流量监测等应用。

除此之外，还有许多新鲜有趣的领域也在助力计算机视觉技术的进步，例如，物体检测和跟踪、图像理解和生成、人脸识别和姿态估计等。这些领域的研究和应用就像一双双隐形的翅膀，不断推动着计算机视觉技术的发展，为人们的智能化生活和工作带来了更多便捷性和可能性。

我国在人脸识别、车牌识别、目标检测等方面的技术已经达到了世界领先水平，并且在安保、公安、金融等领域得到了广泛应用。同时，我国在计算机视觉领域与美国等发达国家之间还存在一定差距，但随着我国科技创新的不断推进，相信我国的计算机视觉技术一定会得到更好的发展和应用。

项目 10 鸿蒙初开——鸿蒙应用开发

10.1 项目场景

随着智能设备和通信技术的飞速发展,越来越多的设备接入了互联网或物联网的大舞台,但要让这些设备像明星们在舞台上那样协同表演,却仍然存在许多问题。海量的物联网设备催生了一个个定制的"物联网系统",它们像各种不同的方言,难以便捷交流。

HarmonyOS 就是以方便智能终端系统互联互通为目标而打造的一款中国自主的操作系统,力求让各种设备如同演员般打破舞台上的界限,实现多设备之间的无缝连接和协同工作,为用户打造一个更智能、更便捷、更高效的体验盛宴。

10.2 学习目标

1)了解 HUAWEI DevEco Studio(以下简称 DevEco Studio)开发的工具特性。
2)掌握使用 DevEco Studio 搭建鸿蒙应用开发环境的步骤。
3)了解鸿蒙简单组件、布局、UIAbility 的使用。
4)掌握使用可视化方式构建 UI 的方法。

10.3 知识学习

10.3.1 鸿蒙简介

鸿蒙操作系统(HarmonyOS)是华为自主研发的一款面向全场景智慧生活方式的分布式操作系统。在传统的单设备系统能力的基础上,HarmonyOS 提出了基于同一套系统能力、适配多种终端形态的分布式理念,能够支持手机、平板、PC、智慧屏、智能穿戴、智能音箱、车机、耳机、AR/VR 眼镜等多种终端设备。它具有以下技术特点:分布式架构、微内核架构、统一的开发平台、分布式数据管理、自适应界面等。

对消费者而言,HarmonyOS 能够将生活场景中的各类终端进行能力整合,形成 One Super Device,实现不同终端设备之间的极速连接、能力互助、资源共享,匹配合适的设备、提供流畅的全场景体验。对应用开发者而言,鸿蒙操作系统采用了多种分布式技术,使得应用程序的开发实现与不同终端设备的形态差异无关。对设备开发者而言,鸿蒙操作系统采用了组件化的设计方案,可以根据设备的资源能力和业务特征进行灵活裁剪,满足不同形态的终端设备对操作系统的要求。

2019 年 8 月 9 日,华为正式宣布推出鸿蒙系统 HarmonyOS,并于当年 10 月正式发布。2021 年 6 月 2 日,HarmonyOS 2 和 OpenHarmony 2.0 正式发布,鸿蒙操作系统正式覆盖手机等移动终端。鸿蒙系统复制了之前每一个 EMUI 具备的功能，还带来了统一控制中心、万能卡片等全新特性，以及更全面的性能提升和更完备的隐私保护。2022 年 7 月，华为正式推出了 HarmonyOS 3 操作系统，号称"常用常新，更进一步"，带来六大升级体验，包括超级终端、鸿蒙智联、万能卡片、流畅性能、隐私安全、信息无障碍等，鸿蒙生态也悄然向前迈进了一大步。2023 年 8 月，华为正式推出 HarmonyOS 4。截至 2023 年 8 月，鸿蒙生态设备已经超 7 亿，并且鸿蒙系统的应用场景也在不断扩展。HarmonyOS 4 相对于 HarmonyOS 3 更加智能，更加了解用户需求。

10.3.2 鸿蒙应用开发环境

HarmonyOS 官方的集成开发环境是 DevEco Studio。DevEco Studio 是基于 IntelliJ IDEA Community 开源版本开发的，面向华为终端的全场景、多设备的一站式集成开发环境（Integrated Design Environment，IDE），为开发者提供项目模板创建、开发、编译、调试、分布等 HarmonyOS 应用开发服务。通过使用 DevEco Studio，开发者可以更高效地开发具备 HarmonyOS 分布式能力的应用，进而提升产品创新的效率。

作为一款开发工具，DevEco Studio 除了具有基本的代码开发，编译构建及调试等功能外，还具有支持多设备统一开发环境、应用开发 UI 实时预览、多设备模拟器、分布式多端应用开发等特点。2023 年 10 月，HarmonyOS 系统发布了 API 9 Release 版本。

DevEco Studio 提供了 Super Visual 的低代码 UI 设计方式，可以方便地设计 UI 界面。DevEco Studio 应用开发界面如图 10-1 所示。最上面是菜单区，中间是工程目录区、代码编辑区、预览区，最下面是工具信息栏。

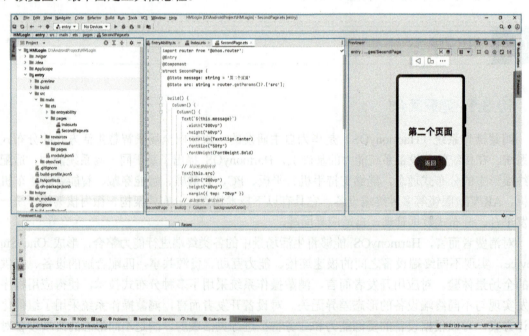

图 10-1　DevEco Studio 应用开发界面

代码编辑区可以修改代码，以及切换显示的文件。按住<Ctrl>键加鼠标滚轮，可以实现界面的放大与缩小。

预览区提供了一些基本功能,包括旋转屏幕、切换显示设备及多设备预览等。单击"旋转"按钮,可以切换竖屏和横屏显示的效果。

工具信息栏有多个标签,其中 Run 是项目运行时的信息栏;Problems 是当前工程错误与提醒信息栏;Terminal 是命令行终端,在这里执行命令行操作;PreviewerLog 是预览器日志输出栏;Log 是模拟器和真机运行时的日志输出栏。

使用 DevEco Studio 开发的工程目录,如图 10-2 所示。

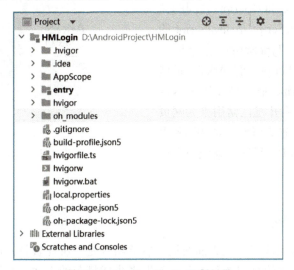

图 10-2　DevEco Studio 工程目录

主要的工程目录作用如下。
- AppScope 中存放应用全局所需要的资源文件。
- entry 是应用的主模块,存放 HarmonyOS 应用的代码、资源等。
- oh_modules 是工程的依赖包,存放工程依赖的源文件。
- build-profile.json5 是工程级配置信息,包括签名、产品配置等。
- hvigorfile.ts 是工程级编译构建任务脚本,hvigor 是基于任务管理机制实现的一款全新的自动化构建工具,主要提供任务注册编排、工程模型管理、配置管理等核心能力。
- oh-package.json5 是工程级依赖配置文件,用于记录引入包的配置信息。

在 AppScope 中有 resources 文件夹和配置文件 app.json5。AppScope/resources/base 中包含 element 和 media 两个文件夹,其中 element 文件夹主要存放公共的字符串、布局文件等资源;media 存放全局公共的多媒体资源文件。

entry/src 目录中主要包含总的 main 文件夹,单元测试目录 ohosTest,以及模块级的配置文件。

main 文件夹中,ets 文件夹用于存放 ets 代码,resources 文件夹存放模块内的多媒体及布局文件等,module.json5 文件为模块的配置文件。

进入 src/main/ets 目录中,其分为 entryability、pages 两个文件夹。entryability 存放 ability 文件,用于当前 ability 应用逻辑和生命周期管理。pages 存放 UI 界面相关代码文件,初始会生成一个 Index 页面。

resources 目录下存放模块公共的多媒体、字符串及布局文件等资源,分别存放在 element、media 文件夹中。

10.3.3 ArkTS 简介

ArkTS 是 HarmonyOS 应用的主要开发语言。它在 TypeScript（简称 TS）的基础上，匹配 ArkUI 框架，扩展了声明式 UI、状态管理等相应的能力，让开发者以更简洁、更自然的方式开发跨端应用。

ArkTS、TypeScript、JavaScript 之间的关系如图 10-3 所示。TypeScript 是 JavaScript 的一个超集，ArkTS 是 TypeScript 的超集，TypeScript 扩展了 JavaScript，而 ArkTS 扩展了 TypeScript。JavaScript 是一种高级脚本语言，广泛用于 Web 应用开发，常用来为网页添加各式各样的动态功能。如果熟悉 JavaScript，则使用 ArkTS 开发鸿蒙应用会相对简单。

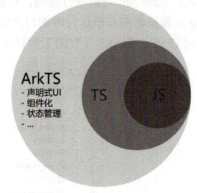

图 10-3　ArkTS、TypeScript、JavaScript 之间的关系

10.3.4 线性布局

鸿蒙应用借助容器组件来实现界面布局。容器组件是一种比较特殊的组件，它可以包含其他的组件，而且按照一定的规律布局，帮助开发者生成精美的页面。容器组件除了放置基础组件外，也可以放置容器组件，通过多层布局的嵌套，可以布局出更丰富的页面。

ArkTS 提供了丰富的容器组件来布局页面，其中最简单和实用的布局容器是线性布局容器。线性布局容器表示按照垂直方向或者水平方向排列子组件的容器，ArkTS 提供了 Column 和 Row 容器来实现线性布局。

在线性布局容器中，默认存在两个轴，分别是主轴和交叉轴，这两个轴始终相互垂直。不同的容器中主轴的方向不一样。

1）主轴。如图 10-4 所示，在 Column 容器中的子组件是按照从上到下的垂直方向布局的，其主轴的方向是垂直方向，类似于 Android 线性布局中的 vertical；在 Row 容器中的组件是按照从左到右的水平方向布局的，其主轴的方向是水平方向，类似于 Android 线性布局中的 horizontal。

a) Column容器

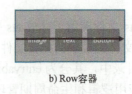

b) Row容器

图 10-4　Column 容器和 Row 容器主轴

2）交叉轴。与主轴垂直相交的轴线。如果主轴是垂直方向，则交叉轴是水平方向；如果主轴是水平方向，则交叉轴是垂直方向，如图 10-5 所示。

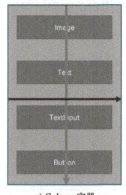
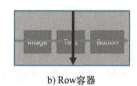

a) Column容器　　　　b) Row容器

图 10-5　Column 容器和 Row 容器交叉轴

Column 和 Row 容器有两个重要的属性：justifyContent、alignItems。
- justifyContent：设置子组件在主轴方向上的对齐格式。
- alignItems：设置子组件在交叉轴方向上的对齐格式。

justifyContent、alignItems 的属性值与 Android 中的 gravity 属性值类似，读者可以类比学习。

初学者可以使用 Super Visual 的低代码 UI 设计方式设计鸿蒙 UI，对比 UI 界面和代码，逐渐掌握 UI 相关代码后，再使用纯代码的设计方式。

10.3.5　简单组件的使用

鸿蒙中的组件（Component）类似 Android 中的控件（View），是界面搭建与显示的最小单位。

组件根据功能可以分为五大类：基础组件、容器组件、媒体组件、绘制组件、画布组件。其中基础组件是视图层的基本组成单元，包括 Text、Image、TextInput、Button、LoadingProgress 等。Android 控件与鸿蒙组件大致的对应表见表 10-1，读者可以类比学习。

表 10-1　Android 控件（View）与鸿蒙组件（Component）

作用	Android View	HarmonyOS Component
显示一段文本信息	TextView	Text
输入文本	EditText	TextInput
响应单击操作	Button	Button
渲染展示图片	ImageView	Image
显示进度	ProgressBar	LoadingProgress

本节介绍常用基础组件的使用。

1. Text

Text 组件用于在界面上展示一段文本信息，可以包含子组件 Span。针对包含文本元素的组件，如 Text、Span、Button、TextInput 等，可使用 fontColor、fontSize、fontStyle、fontWeight、fontFamily 等文本样式，分别设置文本的颜色、大小、样式、粗细以及字体等。

下面示例代码中包含了两个 Text 组件，第一个使用的是默认样式，第二个给文本设置了一些文本样式。

```
Text('Hello HarmonyOS')
Text('Hello HarmonyOS')
  .fontColor(Color.Blue)
  .fontSize(20)
  .fontStyle(FontStyle.Italic)
  .fontWeight(FontWeight.Bold)
  .fontFamily('Arial')
```

效果图如图 10-6 所示。

图 10-6 Text 组件效果图

2．TextInput

TextInput 组件用于输入单行文本，响应输入事件。TextInput 的使用也非常广泛，例如，输入登录账号密码、发送消息等。和 Text 组件一样，TextInput 组件也支持文本样式设置，下面的示例代码可以实现一个简单的输入框。

```
TextInput({ placeholder: '请输入密码' })
  .placeholderColor(0x999999)
  .placeholderFont({ size: 20, weight: FontWeight.Medium, family: 'cursive', style: FontStyle.Italic })
  .type(InputType.Password)
```

效果如图 10-7 所示。示例代码中 placeholder 用于设置提示文本，placeholderColor 和 placeholderFont 分别设置提示文本的颜色和样式，type 属性是设置输入框类型。

图 10-7 TextInput 组件效果图

type 的参数类型为 InputType，包含以下几种输入类型。

1）Normal：基本输入模式，支持输入数字、字母、下画线、空格、特殊字符。
2）Password：密码输入模式。
3）Email：e-mail 地址输入模式。
4）Number：纯数字输入模式。

TextInput 组件获取输入文本后可以给 TextInput 设置 onChange 事件，输入文本发生变化时触发回调。下面示例代码中的 value 为实时获取用户输入的文本信息。

```
TextInput({ placeholder: '请输入账号' })
  .onChange((value: string) => {
```

```
      this.text = value
    })
```

3. Button

Button 组件主要用来响应单击操作，可以包含子组件。下面的示例代码可以实现一个"登录按钮"：

```
Button('登录', { type: ButtonType.Capsule, stateEffect: true })
  .width('90%')
  .height(40)
  .fontSize(16)
  .fontWeight(FontWeight.Medium)
  .backgroundColor('#007DFF')
```

效果如图 10-8 所示。示例代码中 type 用于定义按钮样式，ButtonType.Capsule 表示胶囊形按钮；stateEffect 用于设置按钮按下时是否开启切换效果，当状态置为 false 时，单击效果关闭，默认值为 true。

图 10-8　Button 组件效果图

Button 组件除了可设置为 Capsule，还可以设置为 Normal 和 Circle。Capsule 是胶囊型按钮（圆角默认为高度的一半），Circle 是圆形按钮，Normal 是普通按钮（默认不带圆角）。

Button 组件可以绑定 onClick 事件，每当用户单击 Button 组件的时候，就会回调执行 onClick 方法，调用里面的代码，示例代码如下。

```
Button('登录', { type: ButtonType.Capsule, stateEffect: true })
...
.onClick(() => {
  // 处理单击事件逻辑
})
```

4. Image

Image 组件用来展示图片，需要给 Image 组件设置图片地址、宽和高，示例代码如下。

```
Image($r("app.media.icon"))
  .width(50)
  .height(50)
```

Image 组件可以使用 objectFit 属性设置图片的缩放类型。Image 组件支持加载网络图片，可以将图片地址换成网络图片地址进行加载。加载网络图片，还需要在 module.json5 文件中声明网络访问权限（ohos.permission.INTERNET）。示例代码如下。

```
{
  "module": {
    "requestPermissions":[
      {
        "name": "ohos.permission.INTERNET"
      }
    ]
```

```
    }
}
```

5. LoadingProgress

LoadingProgress 组件用于显示加载进展，例如，单击"登录"后，显示"正在登录"的进度条状态。LoadingProgress 组件的使用非常简单，只需要设置颜色和宽高就可以了。代码如下。

```
LoadingProgress()
  .color(Color.Blue)
  .height(60)
  .width(60)
```

6. 使用资源引用类型

Resource 是资源引用类型，用于设置组件属性的值。推荐优先使用 Resource 类型，将资源文件（字符串、图片、音频等）统一存放于 resources 目录下，便于维护。同时系统可以根据当前配置加载合适的资源，例如，开发者可以根据屏幕尺寸呈现不同的布局效果，或根据语言设置提供不同的字符串。例如，下面的这段代码，直接在代码中写入了字符串"登录"。

```
Button('登录', { type: ButtonType.Capsule, stateEffect: true })
```

可以将这些硬编码写到 entry/src/main/resources 下的资源文件中，在 string.json 中定义 Button 显示的文本。代码如下。

```
{
  "string": [
    {
      "name": "register_text",
      "value": "登录"
    }
  ]
}
```

在 Button 组件通过"$r('app.string.login_text')"的形式引用该字符串。代码如下。

```
Button($r('app.string.login_text'), { type: ButtonType.Capsule, stateEffect: true })
```

10.3.6 UIAbility 的使用

UIAbility 是一种包含用户界面的应用组件，主要用于和用户进行交互。UIAbility 也是系统调度的单元，为应用提供窗口，用于绘制和展示用户界面。简单来说，UIAbility 就是应用中负责显示界面和响应用户操作的组件。Activity 类似。

每一个 UIAbility 实例，都对应一个最近任务列表中的任务。一个应用可以有一个 UIAbility，也可以有多个 UIAbility。一个 UIAbility 可以对应多个页面，建议一个 UIAbility 中放置一个独立的功能模块，以多页面的形式呈现。例如，新闻应用在浏览内容的时候，可以进行多页面的跳转使用。

UIAbility 的数据传递包括 UIAbility 内页面的跳转和数据传递、UIAbility 间的数据跳转和数据传递，本节主要介绍 UIAbility 内页面的跳转和数据传递。页面间的导航可以通过页面路由 router 模块来实现。页面路由模块根据页面 url 找到目标页面，从而实现跳转。通过页面路由模块，可以使用不同的 url 访问不同的页面，包括跳转到 UIAbility 内的指定页面、用 UIAbility 内的某个页面替换当前页面、返回上一页面或指定的页面等。

页面跳转和数据传递主要有两种方式，根据需要选择一种方式即可。

1. 使用 router.pushUrl()方法

API9 及以上 router.pushUrl()方法新增了 mode 参数，可以将 mode 参数配置为 router.RouterMode.Single 单实例模式和 router.RouterMode.Standard 多实例模式。

单实例模式下，如果需要打开的页面已经在页面栈里（之前打开过），那么系统就会把最近需要打开的页面直接调到最前面来，这样就不用重新打开它，页面栈里的页面数量不变。但如果需要跳转的页面在页面栈里没有，那就要新建一个页面并加到页面栈里，页面栈里的页面数量就会增加一个。

```
router.pushUrl({
  url: 'pages/Second',
  params: {
    src: 'Index 页面传来的数据',
  }
}, router.RouterMode.Single)
```

当页面栈的元素数量较大或者超过 32 时，可以通过调用 router.clear()方法清除页面栈中的所有历史页面，仅保留当前页面作为栈顶页面。

2. 使用 router.replaceUrl()方法

API9 及以上 router.replaceUrl()方法新增了 mode 参数，可以将 mode 参数配置为 router.RouterMode.Single 单实例模式和 router.RouterMode.Standard 多实例模式。

单实例模式下，如果需要打开的页面已经在页面栈里（之前打开过），那么系统就会把最近需要打开的页面直接调到最前面来，原来的那个页面会被替换并销毁掉，因此，页面栈里的页面数量会减少一个。但如果需要打开的页面在页面栈里没有，那系统就会新建一个页面，替换之前的页面，并加到页面栈里，页面栈里的页面数量保持不变。

```
router.replaceUrl({
  url: 'pages/Second',
  params: {
    src: 'Index 页面传来的数据',
  }
}, router.RouterMode.Single)
```

页面跳转后，在 Second 页面中可以通过调用 router.getParams()方法获取 Index 页面传递过来的自定义参数。代码如下。

```
@State src: string = router.getParams()?.['src'];
```

应用开发中，经常会遇到一个场景，即在 Second 页面中，完成了一些功能操作之后，希望能返回到 Index 页面，有时还需要携带数据，此时可以在 Second 页面中，通过调用 router.back()方法返回到上一个页面，或者在调用 router.back()方法时增加可选的 options 参数（增加 url 参数）返回到指定页面。

需要注意的是，调用 router.back()返回的目标页面需要在页面栈中存在才能正常跳转，返回上一个页面使用 router.back()即可。返回到指定页面需要指定 url 连接，如需携带数据，则需要指定 params，示例代码如下。

```
router.back({
  url:'pages/Index',
  params: {
    src: "这是来自 Second Page 的数据"
  }
})
```

回到 Index 页面后也是使用 router.getParams()进行数据获取，但和之前不同的是，获取数据的操作需要写在 UIAbility 生命周期的 onPageShow()方法里。代码如下。

```
onPageShow() {
  this.fromSecondMessage = router.getParams()?.['src']
}
```

UIAbility 与 Android 中的 Activity 类似，也有生命周期和启动模式，读者可查阅相关资料学习。

10.4 技能实践

10.4.1 第一个鸿蒙应用的开发

【任务目标】

搭建鸿蒙应用开发环境，完成第一个鸿蒙应用的开发。

【任务分析】

鸿蒙应用开发环境的搭建和 Android 应用环境的搭建类似，也需要安装开发环境、下载 SDK、连接虚拟机等。

【任务实施】

第一个鸿蒙应用的开发

1）下载鸿蒙开发环境安装包。搜索"HarmonyOS 应用开发官网"，可以在官网找到 IDE 下载链接，根据自己的计算机系统选择合适的安装包下载。本书后续步骤以 Window11 系统安装 DevEco Studio 3.1.1 Release 为例进行讲解。

2）下载完成后，打开 DevEco Studio 安装包。和 Android Studio 的安装类似，在 C:盘空间充足的条件下尽量安装在 C:盘，如果 C:盘空间不足，也可选择其他盘进行安装，如图 10-9 所示。

在安装选项窗口，可以根据需要选中是否创建快捷方式、右键菜单等，如图 10-10 所示。其余步骤，采用默认设置，单击 Next 按钮进行安装。

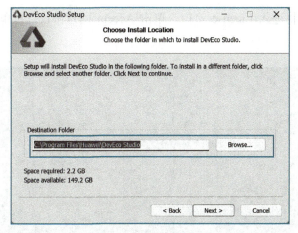

图 10-9　选择安装位置

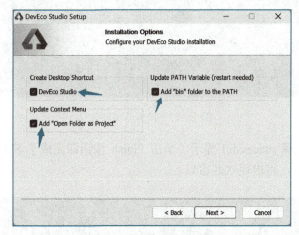

图 10-10　选中安装选项

3）安装 SDK。安装完成后打开 DevEco Studio，同意其相关协议。如果之前没有安装过 DevEco Studio，则不用导入设置，在设置向导窗口中选择安装 Node.js 和 Ohpm。如图 10-11 所示，尽量采用默认设置。下一步选择 SDK 安装位置，可以使用默认位置，也可以选择其他位置。

图 10-11　安装 Node.js 和 Ohpm

单击 Next 按钮后将进入 License 窗口，单击 Accept 同意协议，再单击 Next 按钮进行下载安装，如图 10-12 所示。

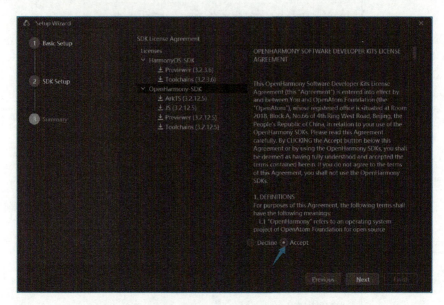

图 10-12　同意许可协议

成功安装后，会出现 successful 提示，单击 Finish 按钮即完成了 SDK 的安装，如图 10-13 所示，SDK 安装完成后，将出现欢迎窗口。

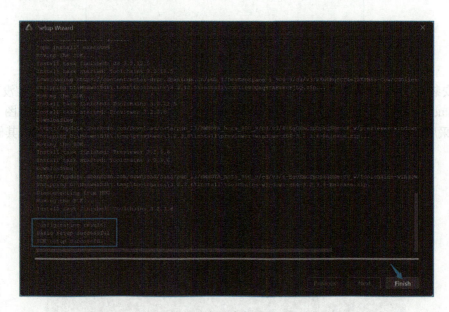

图 10-13　安装成功

4）设置软件界面风格。为方便后续步骤演示，单击 Configure→Settings，将界面改为白底黑字，如图 10-14、图 10-15 所示。

5）新建工程。回到欢迎窗口，单击 Create Project，如图 10-16 所示。

图 10-14　打开设置

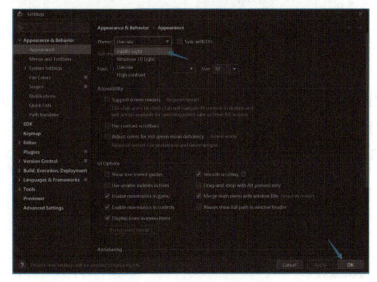

图 10-15　设置软件界面风格

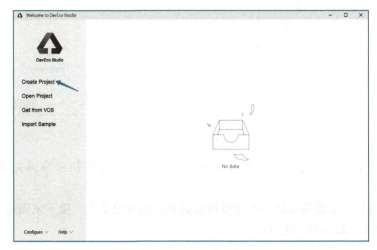

图 10-16　新建工程

在 Ability 模板选择窗口中选择 Empty Ability，如图 10-17 所示。

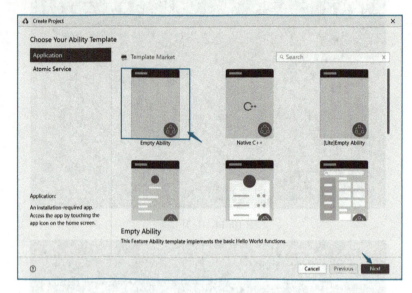

图 10-17　选择 Ability 模板

在工程配置窗口，配置工程名、包名、存储位置，其他使用默认设置，单击 Finish 按钮，如图 10-18 所示。

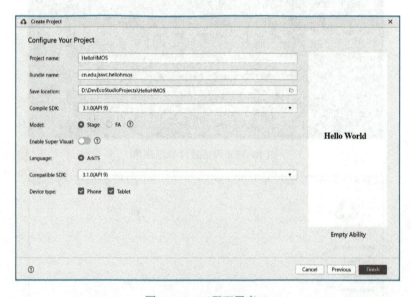

图 10-18　工程配置窗口

工程创建完成后会自动打开。在打开的工程窗口中，等待初步编译完成，如图 10-19 所示。

6）安装虚拟机。工程需要运行在虚拟机或真实的鸿蒙设备上，接下来创建一个虚拟机。单击 Device Manager，如图 10-20 所示。

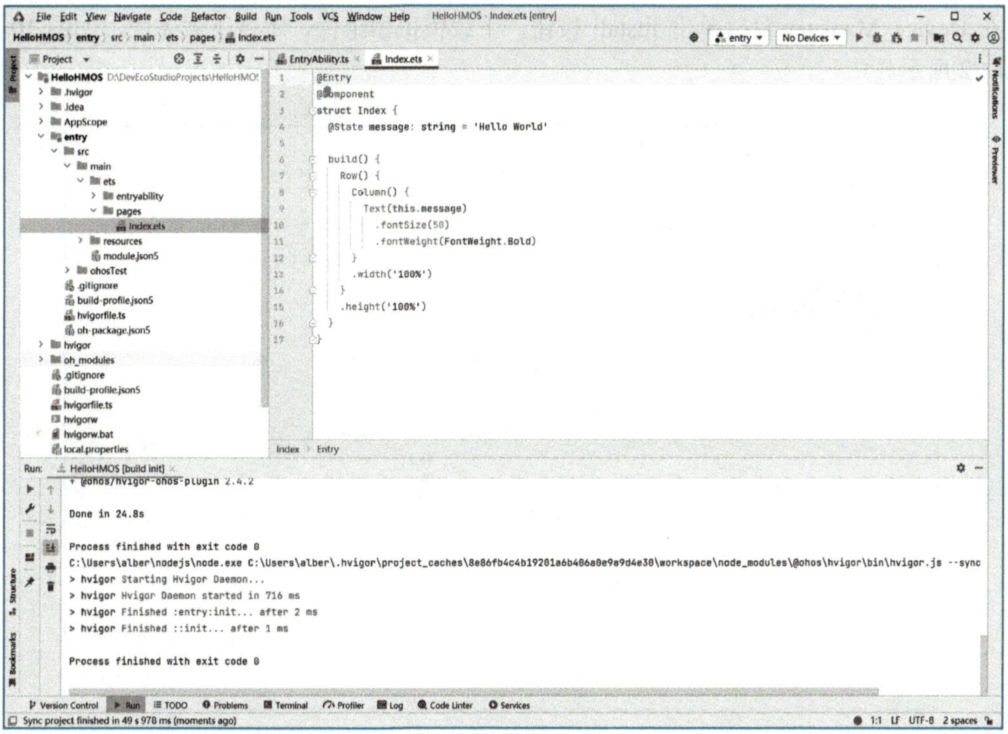

项目 10　鸿蒙初开——鸿蒙应用开发

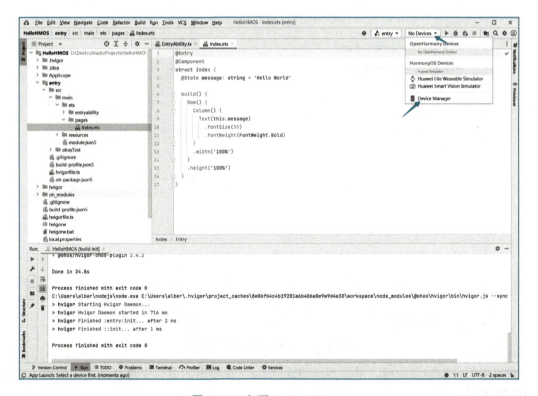

图 10-19　工程窗口

图 10-20　打开 Device Manager

在 Device Manager 窗口单击 Install 按钮，下载模拟器组件，等待下载完成，如图 10-21、图 10-22 所示。

图 10-21　Device Manager 窗口

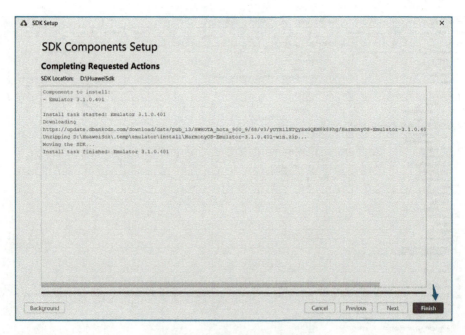

图 10-22　完成 Emulator 下载安装

模拟器组件安装完成后，单击 New Emulator，在弹出的窗口中选择硬件，如图 10-23、图 10-24 所示。

项目 10　鸿蒙初开——鸿蒙应用开发

图 10-23　New Emulator

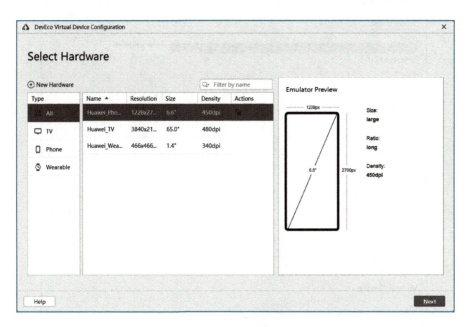

图 10-24　选择硬件

硬件选择完成后，在"系统镜像"窗口，单击"下载"图标，下载镜像，如图 10-25 所示。

镜像下载安装完成后，在系统镜像界面将看不到该镜像下载图标，此时可以单击 Next 按钮，如图 10-26 所示。

在虚拟设备窗口确定虚拟设备名，并可进行一些高级设置。如果使用默认设置，直接单击 Finish 按钮即可，如图 10-27 所示。

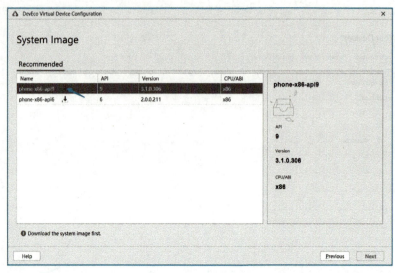

图 10-25　下载镜像

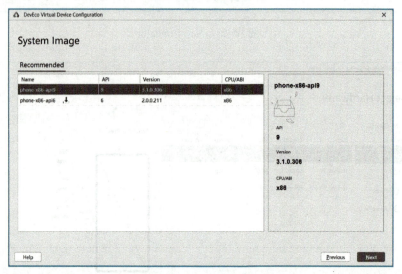

图 10-26　选择镜像

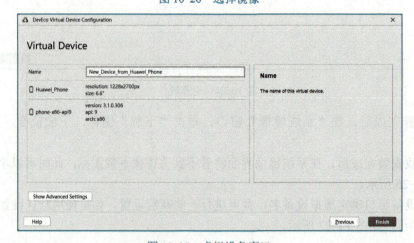

图 10-27　虚拟设备窗口

虚拟设备创建完成后，在虚拟设备管理器窗口将看到此设备。单击绿色的运行图标 ▶ 即可运行该设备，如图 10-28 所示。此外，鸿蒙应用还可以使用真机、远程模拟器、远程设备进行调试。

图 10-28　虚拟设备管理器窗口

7）运行应用。回到工程界面，打开 Previewer，关闭 Tutorial，进入预览界面，如图 10-29、图 10-30 所示。

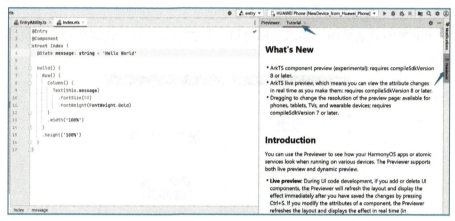

图 10-29　关闭 Tutorial

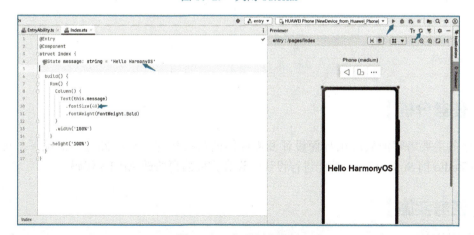

图 10-30　打开预览窗口

修改 Index.ets 代码中的字符串，将 Hello World 改为 Hello HarmonyOS，单击绿色的运行图标 ▶，运行该应用，如图 10-30 所示。运行成功后，将在虚拟机上显示该界面，如图 10-31 所示。

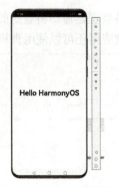

图 10-31　运行效果图

10.4.2　鸿蒙登录页面的设计

【任务目标】

设计一个简单的登录页面，要求可以将第一页的登录信息，传递到第二个页面，界面如图 10-32 所示。

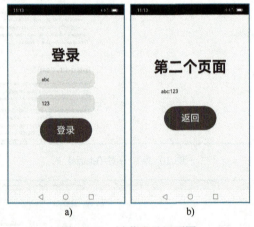

图 10-32　鸿蒙登录界面图

【任务分析】

本任务主要考察鸿蒙应用界面设计及界面间的数据传递。在不熟练的情况下，可以使用 DevEco Studio 的 Super Visual 功能进行设计，设计完成后再修改 ArkTS 代码。

【任务实施】

鸿蒙登录界面的设计

1）新建工程项目 HMLogin。如图 10-33 所示，修改工程名、包名，打开 Super Visual 开关，单击 Finish 按钮。

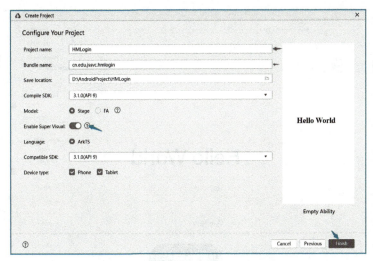

图 10-33　鸿蒙登录界面配置工程窗口

2）设计登录页面 Index.visual。从 Components 区将两个 TextInput、一个 Button 控件用鼠标拖曳到界面上，如图 10-34 所示。依次选中各个控件，修改 Properties。其中将"账号"TextInput 的 Placeholder 属性修改为"请输入账号"，magrinTop 修改为 20vp；将"密码"TextInput 的 Placeholder 属性修改为"请输入密码"，magrinTop 修改为 20vp；将"登录"Button 的 Label 属性修改为"登录"，FontSize 修改为 32fp。需要注意的是有些属性在 Super Visual 中无法修改，需在 ArkTS 代码中进行修改。修改完成后的界面如图 10-35 所示，单击右上方的"转换"图标，将其转为 ArkTS 代码。

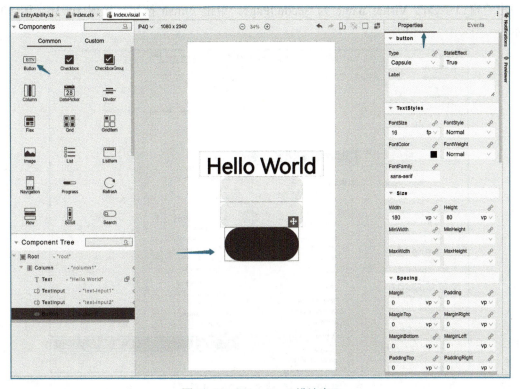

图 10-34　Index.visual 设计窗口

图 10-35　界面设计完成效果图

3）设计第二个页面 SecondPage。右键单击 entry/src/main/ets/pages，New→Visual→Page。在弹出的窗口中修改 Visual name 为 SecondPage，单击 Finish 按钮，如图 10-36、图 10-37 所示。

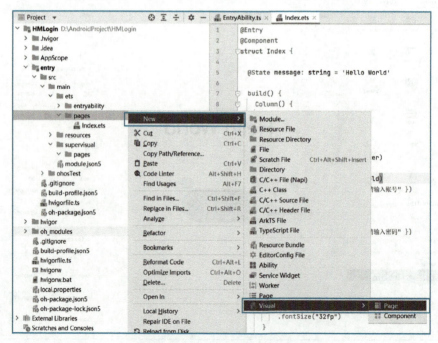

图 10-36　新建 Super Visual 界面

项目 10　鸿蒙初开——鸿蒙应用开发

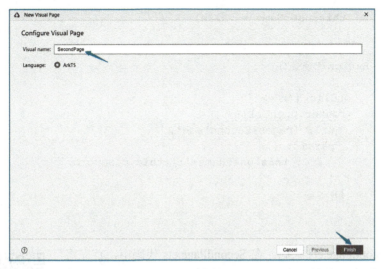

图 10-37　配置 Visual Page 窗口

使用和步骤 2）相同的方法，添加一个 Text 和一个 Button，修改其属性，修改后效果如图 10-38 所示，单击"转换"图标 ，生成 ArkTS 代码。

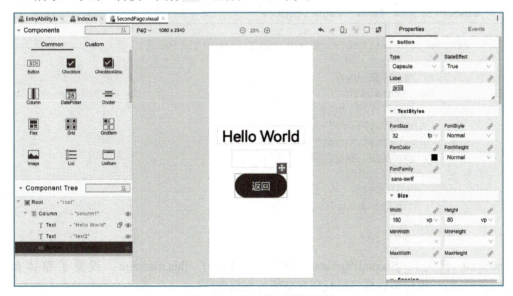

图 10-38　第二个界面效果图

4）修改 Index.ets 代码。在 Index.ets 代码中，首先添加 TextInput 输入获取逻辑，实现 onChange()方法，在该方法中存储修改的信息；其次，添加 Button 单击事件，实现 onClick()方法，在该方法中使用 router.pushUrl()方法跳转到第二个页面，同时传递信息，关键代码如下。

代码 10.4.2
Index.ets

```
import router from '@ohos.router'
…
        TextInput({ placeholder: "请输入账号" })
…
          .onChange((value: string) => {
```

```
        this.userName = value;
      })
    …
      Button("登录")
    …
        .onClick(() => {
          router.pushUrl({
            url: 'pages/SecondPage',
            params: {
              src: this.userName+':'+this.password,
            }
          })
        })
    }
```

5）修改 SecondPage.ets 代码。在 SecondPage.ets 代码中，首先将前一页面的信息取出，并显示在 Text 上，使用 router.getParams()方法获取前一页面的信息；添加"返回"按钮的逻辑，实现方法和步骤 4）类似，关键代码如下。

代码 10.4.2 SecondPage.ets

```
import router from '@ohos.router'
…
  @State src: string = router.getParams()?.['src']
…
        // 显示传参的内容
        Text(this.src)
          .width("200vp")
          .height("60vp")
          .margin({ top: "20vp" })
        // 添加按钮，触发返回
        Button("返回")
          .onClick(() => {
            router.back()
          })
      }
```

Index.ets 代码和 SecondPage.ets 代码中还修改了 this.message，设置了整体布局的 backgroundColor。本任务完整项目代码可查看本书资源。

6）运行整个工程，测试运行效果。

10.5 理论测试

1. 单选题

（1）使用 TextInput 完成一个密码输入框，推荐设置 type 属性为（ ）。
  A．InputType.Normal
  B．InputType.Password
  C．InputType.Email
  D．InputType.Number

（2）使用 Image 加载网络图片，需要设置（　　）权限。

　　A．ohos.permission.USE_BLUETOOTH

　　B．ohos.permission.INTERNET

　　C．ohos.permission.REQUIRE_FORM

　　D．ohos.permission.LOCATION

（3）Text 组件设置字体粗细的属性是（　　）。

　　A．fontColor

　　B．fontSize

　　C．fontStyle

　　D．fontWeight

2．多选题

（1）UIAbility 页面跳转的方式有（　　）。

　　A．使用 router.pushUrl()方法

　　B．使用 router.replaceUrl()方法

　　C．使用 router.back()方法

　　D．使用 router.clear()方法

（2）下面（　　）组件是容器组件。

　　A．Button

　　B．Row

　　C．Column

　　D．Image

（3）router.pushUrl()方法的 mode 参数可以配置的模式有（　　）。

　　A．Standard

　　B．Single

　　C．Specified

　　D．Multiple

3．判断题

（1）一个应用只能有一个 UIAbility。（　　）

（2）DevEco Studio 是开发 HarmonyOS 应用的集成开发环境。（　　）

（3）在 Column 容器中的子组件默认是按照从上到下的垂直方向布局的，在 Row 容器中的组件默认是按照从左到右的水平方向布局的。（　　）

（4）Resource 是资源引用类型，用于设置组件属性的值，可以定义组件的颜色、文本大小、组件大小等属性。（　　）

10.6　项目演练

1．鸿蒙注册页面的实现

使用 DevEco Studio 开发一个注册页面，要求可以实现页面跳转，第二页显示第一页注册的信息。

2. 鸿蒙语音识别的实现

查找 HarmonyOS 应用开发相关资料，使用 DevEco Studio 开发一个语音识别的应用。

10.7 项目小结

本项目介绍了 DevEco Stduio 开发工具的特性和使用它来开发 HarmonyOS 应用的关键步骤，包括安装应用、搭建应用开发环境、第一个鸿蒙应用的开发等。鸿蒙应用开发处于快速发展期，技术迭代时间短，如需开发更复杂的鸿蒙应用，建议读者直接查阅 HarmonyOS 应用开发官方网站的资料。

尽管近几年鸿蒙发展迅速，但鸿蒙与 Android 还存在着差距，DevEco Stduio 与 Android Studio 也存在着一定的差距，App 数量鸿蒙更是远远落后于 Android。但是，随着鸿蒙系统的不断发展和完善，以及更多开发者的加入和努力，相信鸿蒙在未来会逐渐缩小与 Android 的差距，并有可能在某些方面实现超越。

10.8 项目拓展

Android 应用开发与 HarmonyOS 应用开发的联系与区别

Android 应用开发与 HarmonyOS 应用开发都是常见的客户端技术，截至 HarmonyOS4.0，HarmonyOS 是兼容 Android 应用的，所以使用 Android Studio 开发的 Android 应用，可以运行在 HarmonyOS4.0 上。但是将来的 HarmonyOS 有可能会不兼容 Android 应用，这对 HarmonyOS 来说，既是机遇，又是挑战。HarmonyOS 不兼容 Android 将会更加独立、自主地发展，更将独具特色。同时，HarmonyOS 不兼容 Android 将会导致生态完善、庞大的 Android 应用无法运行在 HarmonyOS 上，可能造成 HarmonyOS 客户的流失。

如果 HarmonyOS 不再兼容 Android，对于 HarmonyOS 开发者来说，是个很大的机遇，但对于 Android 开发者来说，可能会是个挑战。HarmonyOS 开发的主力语言已经迁移为 ArkTS，而 Android 当前的主流开发语言是 Kotlin，这两大语言之间语法和生态差异巨大。Android 应用迁移到 HarmonyOS 应用不是一件简单的事情，代码基本要重写。对于熟练的 Android 开发者来说，虽然语法和 API 不一样，HarmonyOS 应用开发依然是一种客户端技术，有很多相似的地方，思想是一致的，学起来会比较快。

参 考 文 献

[1] 黑马程序员. Android 移动应用基础教程：Android Studio[M]. 2 版. 北京：中国铁道出版社有限公司，2019.
[2] 李刚. 疯狂 Android 讲义 [M]. 4 版. 北京：电子工业出版社，2019.
[3] 郭霖. 第一行代码 Android [M]. 2 版. 北京：人民邮电出版社，2016.
[4] 赖红. Android 应用开发基础[M]. 北京：电子工业出版社，2020.
[5] 华为软件技术有限公司. 移动应用开发：中级[M]. 北京：清华大学出版社，2021.
[6] 徐红，王军. 移动终端软件设计与应用[M]. 北京：高等教育出版社，2015.
[7] 段仕浩，黄伟，赵朝辉. Android 移动应用开发案例教程[M]. 北京：人民邮电出版社，2021.
[8] 刘安战，余雨萍，陈争艳，等. HarmonyOS 移动应用开发：ArkTS 版[M]. 北京：清华大学出版社，2023.